PERDONS-NOUS CONNAISSANCE ?

LIONEL NACCACHE

PERDONS-NOUS CONNAISSANCE ?

De la Mythologie à la Neurologie

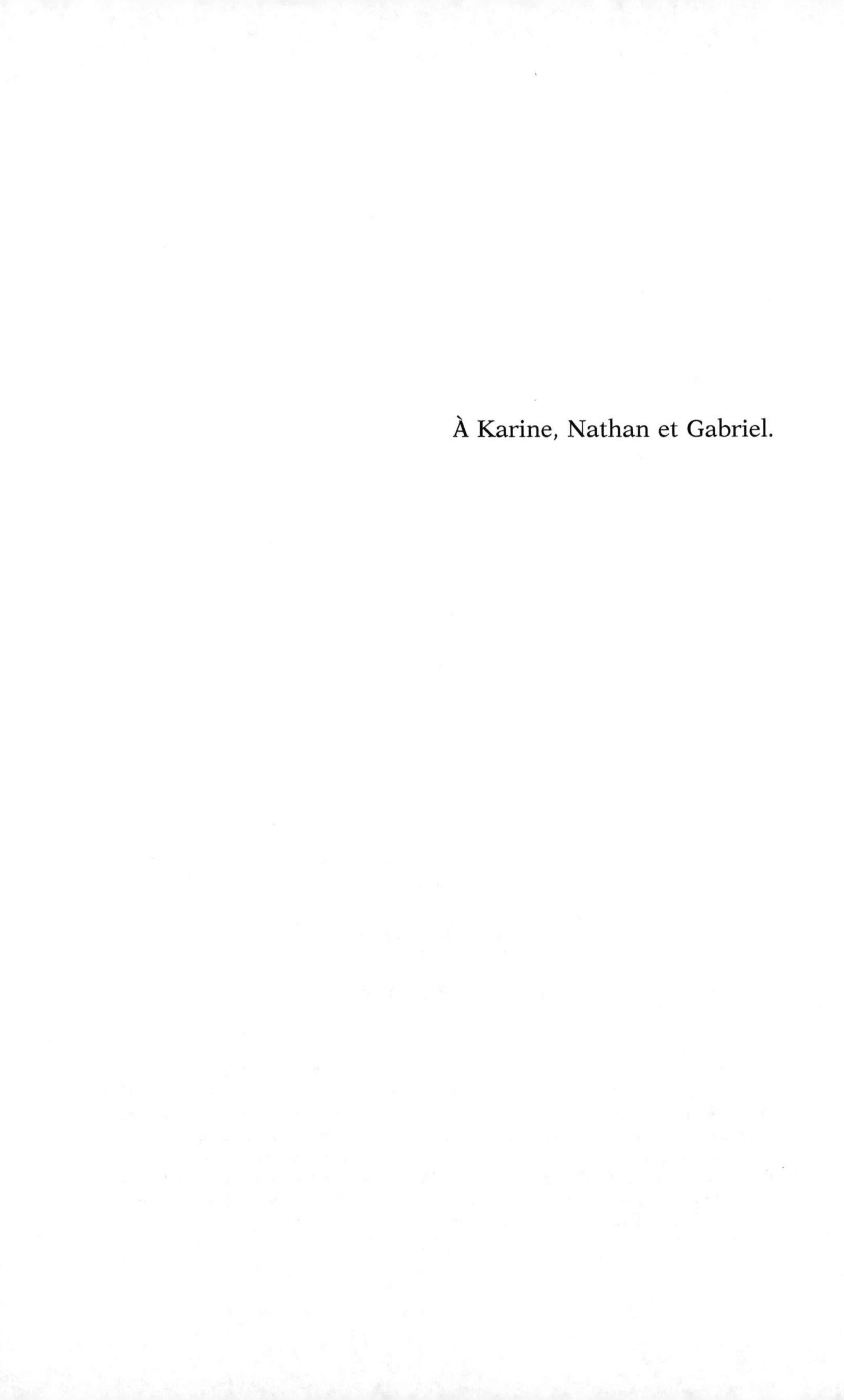

À Karine, Nathan et Gabriel.

Avant-propos

J'écris ces mots, vous les découvrez : nous faisons connaissance. Je veux dire par là que l'écriture d'un livre tout comme sa lecture illustrent, parmi tant d'autres exemples, cette merveilleuse faculté qui nous semble pourtant aller de soi : connaître ce que nous ne connaissions pas encore à l'instant qui précédait. Avançons d'un petit pas. Que se passe-t-il si nous cherchons à connaître ce qui fait que notre esprit est capable de connaître ? Nous philosophons. Je ne suis pas philosophe, mais mon métier me conduit lui aussi à explorer les rouages de cette remarquable aptitude : décrypter la « connaissance de la connaissance ». Je suis neurologue et chercheur en neurosciences cognitives, et je ne cesse d'interroger le fonctionnement et les dysfonctionnements de notre esprit en déchiffrant l'activité d'un organe qui ne lui est pas étranger : notre cerveau.

Dans un tel contexte, pourquoi diable poser la question qui intitule cet essai : « Perdons-nous connaissance ? », alors même que mon propre domaine de recherche, comme tant d'autres, gagne chaque jour en nouvelles connaissances ?

Neurologue rompu à l'observation de signes cliniques dont la présence permet de poser un diagnostic précis, mon regard est attiré depuis quelques années par un symptôme paradoxal : notre société s'autoproclame – non sans fierté – « société de la connaissance » comme elle ne l'avait jamais fait auparavant, et pourtant l'un des attributs constitutifs de l'idée même de connaissance nous est devenu étranger : sa dangerosité. Je m'explique. Depuis les origines de notre culture, la connaissance est représentée comme un « poison vital », c'est-à-dire à la fois comme la source vitale de notre épanouissement intellectuel, mais également comme une expérience porteuse d'un certain danger existentiel. Voire mortel : depuis les tribulations d'Adam et Ève, confrontés au fruit de l'arbre de la connaissance du jardin d'Éden, jusqu'au tragique destin d'Icare, sans oublier celui du personnage mis en scène dans l'allégorie de la caverne de Platon ou encore la figure de Faust qui nous poursuit depuis le haut Moyen Âge, cette menace nous est renvoyée de manière quasiment ininterrompue depuis plus de trois mille ans de culture occidentale. Reconnaissons qu'il est devenu difficile pour nous, citoyens éclairés des démocraties de l'ère numérique, de trouver le moindre sens à un tel péril. Exception faite du discours qui vise les possibles conséquences apocalyptiques de certaines découvertes scientifico-techniques (par exemple, l'arme atomique, la manipulation du génome, etc.), nous ne sommes plus aisément prêts à admettre l'existence d'une menace que nous encourrions à exercer notre faculté à connaître. Cette conception de la connaissance ne fait plus guère sens pour nous, elle est absente de nos discours et de nos représentations dominantes.

Alors, « perdons-nous connaissance ? », c'est-à-dire perdons-nous le sens de ce qu'est la connaissance au moment précis où nous croyons pourtant l'incarner ?

Afin de me confronter à cette question déroutante, je me suis très naturellement tourné vers les deux bonnes fées qui me semblaient les plus à même de m'apporter leurs lumières : la mythologie, envisagée comme le véhicule de nos représentations culturelles de la connaissance, et la neurologie, en tant que science des fondements de la connaissance.

En si bonne compagnie, nous allons pouvoir explorer l'énigme qui se cache derrière le symptôme que nous venons de décrire : avons-nous réussi à libérer la connaissance des menaces qui lui étaient associées depuis la nuit des temps – au point de ne plus pouvoir en imaginer l'existence –, ou à l'inverse serions-nous toujours sous le coup de leurs redoutables effets sans même le savoir ? Progrès ou régression ? Chute ou ascension ?

Et au-delà du diagnostic que nous apporterons, nous découvrirons en chemin les origines de ce malaise contemporain qui caractérise à mes yeux notre rapport à la connaissance.

Il ne restera plus alors qu'à reprendre connaissance !

Première partie

UNE MENACE VIEILLE COMME LE MONDE

Tentez une petite expérience. Adressez-vous aux personnes de votre entourage, et demandez-leur : « Si je te disais qu'il existe un danger – pour l'être humain – à connaître, et cela de manière très générale, qu'en penserais-tu ? » Pour m'être moi-même livré à ce petit sondage auprès de nombre de mes connaissances pendant plus d'un an, je me suis aperçu que, dans l'immense majorité des cas, les réponses recueillies font la part belle à l'incompréhension même du contenu de la question ou à son caractère bizarre, voire inepte. Quant à ceux qui sont prêts à reconnaître l'existence d'une possible menace de la connaissance, cette dernière semble strictement cantonnée à ce que l'on pourrait appeler la dimension prométhéenne du savoir : le risque d'utiliser la connaissance, notamment scientifico-technique, pour modifier, dénaturer, voire annihiler notre environnement écologique et l'humanité elle-même. Au-delà de ces risques effroyables associés aux conséquences potentielles de la maîtrise des techniques à une échelle supra-individuelle, très rares parmi nous sont ceux qui considèrent qu'il puisse exister un quelconque risque existentiel immédiat dans l'exercice individuel de la connaissance. D'ailleurs, plutôt que de questionner vos proches, qu'en pensez-vous, vous-même, en votre for intérieur ? Vous sentez-vous menacé par la connaissance ?

Pourquoi commencer par vous taquiner avec ce questionnement au ton un peu grave ? Tout simplement parce qu'il ne s'agit pas là d'une dimension oiseuse, fantaisiste ou superficielle de la connaissance, qui serait le simple fruit de mon imagination. Ce risque intrinsèque à l'activité de connaître traverse notre culture occidentale depuis ses origines, sous des formes très variées qui produisent ensemble une formidable cohérence. Nous entretenons d'ailleurs souvent une relation empreinte de nostalgie affectueuse à l'égard de cette somme extraordinaire de mythes, allégories et autres récits imaginaires dont de nombreuses pages nous ont abreuvés pendant notre éducation. Pour autant, au-delà de cette impression de familiarité, sommes-nous aujourd'hui capables d'attribuer une signification pertinente à ces menaces ? Que reste-t-il de ces mythes ? Des ruines vestigiales, dernières traces d'un danger aujourd'hui disparu ? Ou bien plutôt une sagesse antique qui ne demanderait en réalité qu'à nous parler et à nous atteindre là où nous nous trouvons *ici et maintenant* ?

À l'occasion de la première partie de cet essai, nous allons raviver les couleurs de cet attribut très singulier du portrait de la connaissance brossé par les grandes traditions de pensée qui ont donné corps à notre culture. Cette reprise de contact avec ce volet de notre héritage intellectuel qui a trait à l'essence de la connaissance constituera le socle premier de notre entreprise : nous serons alors motivés par la recherche d'une signification intelligible de ce discours qui pourra résonner à nos oreilles de citoyens occidentaux du XXIe siècle. J'ai choisi trois sources, trois pôles et trois moments de la civilisation occidentale, pour y puiser certains mythes, allégories et fictions qui nous permettront de nous replonger dans ce thème du danger de la connaissance pour notre existence. L'éternelle Athènes de la mythologie antique, le nom de Jérusalem qui regroupera ici, au-delà de sa définition strictement géographique, certains récits bibliques de la Torah et plusieurs pages de la littérature talmudique qui fut rédigée en réalité au sein des académies d'Israël et de Babylonie au cours des premiers siècles de l'ère chrétienne. Enfin, nous puiserons dans le mythe faustien qui plonge ses racines dans le haut Moyen Âge allemand et ne cesse, depuis, de nous accompagner sous de multiples formes.

CHAPITRE PREMIER

La connaissance menace à Athènes

J'éprouve chaque fois une sensation physique proche du vertige lorsque je lis les récits de la mythologie grecque, sensation qui me semble résulter de leur profusion en personnages aux généalogies complexes, fruits des accouplements d'humains, de dieux et parfois de dieux qui empruntent l'apparence d'animaux. Cette abondance des signifiants dont la chaîne semble infinie laisse deviner une autre profusion, celle des innombrables interprétations de ces textes que nos existences ne suffiraient pas à égrener. Faisons donc le deuil d'une connaissance « exhaustive » hors d'atteinte, et exposons-nous aux sensations vertigineuses de ces éternels récits.

I comme Icare

Il était une fois un jeune homme, fils de Naupacté, esclave de l'île de Crète, et de Dédale, génial architecte de la Grèce antique[1]. Ce jeune homme se prénommait Icare.

---

1. Ovide narre cet épisode dans le huitième livre des *Métamorphoses*.

Minos, roi de Cnossos sur l'île de Crète, lui-même fils de Zeus et d'Europe – fille d'Agénor –, refusait de sacrifier à Poséidon le taureau blanc qui lui était pourtant promis. Son épouse légitime, la belle Pasiphaé, elle-même fille d'Hélios, le dieu Soleil, fit les frais de cette friction et fut maudite par Poséidon en personne. Elle chercha alors à s'accoupler avec ledit taureau et y parvint grâce à un leurre fabriqué par l'ingénieux Dédale qui lui confectionna une vache en bois. De cette bestiale union naquit le Minotaure, créature monstrueuse mi-homme mi-taureau. À nouveau sollicité pour trouver une solution respectable à ce drame conjugal, Dédale conçut le fameux labyrinthe dans lequel Minos fit enfermer le rejeton de son épouse adultère. Un détour obligé par les péripéties de Thésée, briefé en douce par Ariane pour sortir du labyrinthe à l'aide du fameux fil éponyme que Dédale avait remis à cette dernière, nous conduit au cœur du récit qui nous a attirés à lui. Grâce à Ariane, et donc surtout à Dédale, Thésée, comme chacun sait, tua donc le Minotaure puis s'enfuit de Crète emportant Ariane avec lui. Fou de rage et blessé dans son amour-propre, ou dans ce qu'il en restait, le malheureux Minos enferma Dédale et son fils Icare dans le maudit labyrinthe. Dédale, qui n'était pas résolu à mourir idiot, fabriqua alors des ailes avec des plumes et de la cire d'abeille pour son fils et lui. Ultime détail, Dédale prévint alors Icare que, lors de leur grande évasion aérienne, il ne faudrait pas trop se rapprocher du Soleil, au risque de faire fondre la cire et de détruire les précieuses ailes. Le jeune Icare s'envola donc dans les cieux, non pas de ses propres ailes mais de celles de son père, et se rapprocha bientôt du Soleil, faisant fi de l'avertissement paternel. La cire fondit. Les ailes tombèrent. Et Icare s'abîma au fond de la mer. Pour s'être trop rapproché du Soleil qui, au passage, n'est autre que le fameux Hélios, père de notre Pasiphaé qui s'accoupla avec l'offrande promise mais non offerte à Poséidon, Icare mourut, précipité dans le royaume de Poséidon. Vertigineux, non ?

Le mythe d'Icare renvoie à de multiples dimensions interprétatives qui ont alimenté des siècles de commentaires inspirés : Icare ou les dangers de l'hybris humaine, démesure aveugle à elle-même ; Icare ou le symbole de la puissance du désir de transgression (nécessaire ?) de l'ordre paternel et, plus largement, symbole de la pulsion de mort chère à Freud ; Icare ou la menace à se frotter à l'astre solaire entendu comme la source même de la vie ; et, *last but not least*, Icare ou la victime d'un exercice de connaissance absolue. À la question : « À quoi ressemble une recherche illimitée de la Vérité ? », le mythe nous répond : à une mortelle randonnée[1] !

Cette lecture du mythe d'Icare repose sur l'identification du Soleil et de la connaissance. Dans la mythologie grecque, la Vérité, fille du souverain des dieux selon Pindare, est d'ailleurs représentée comme une femme nue qui tient dans sa main droite un soleil qu'elle fixe de son regard. Ailleurs aussi, la lumière est une métaphore fréquente de la connaissance : le contraste entre les « obscurantismes » et la philosophie des Lumières, la dichotomie tranchée entre ce qui réside dans la sombre opacité – ce qui est donc ignoré – et ce qui est réfléchi par les rayons de lumière et qui accède ainsi au statut de visible, et donc de connu. D'une « explication lumineuse » aux « ténébreuses histoires », notre vocabulaire ne finit pas de tourner autour de cette identification de la connaissance à la lumière et au Soleil, source et symbole originaire de la lumière.

---

1. Cette interprétation a été notamment formulée dès l'Antiquité. Depuis, elle n'a cessé d'alimenter des œuvres variées, dont le film *I comme Icare* (1979) d'Henri Verneuil, dont cette partie reprend le titre.

Bref, Icare serait mort de s'être par trop rapproché de la source de toute connaissance. Comment expliquer son comportement ? Au-delà des interprétations fondées sur son hybris ou sur la force de la pulsion de mort, il est également possible de comprendre l'acte d'Icare comme un acte plein de lucidité, dépourvu d'emportement et de plaisir autodestructeur. Icare aurait saisi là l'unique opportunité de son existence pour prendre date dans l'Histoire, il aurait su ne pas manquer cette occasion inespérée de s'affranchir de sa difficile condition de fils du génial Dédale. Icare aurait commis ce que précisément son père Dédale ne commettrait jamais, trop attaché à la vie pour se rapprocher plus qu'il ne faut de la connaissance. Icare ne serait pas mort par excès de confiance ou par plaisir masochiste, mais tout simplement parce qu'il aurait décidé de mener sa vie sous le joug de la connaissance. Délit de curiosité. Icare héros martyr de la connaissance. Vivre pour savoir, pour connaître, quitte à ne plus vivre. Et en un sens, Icare a atteint son but. Son nom, mythique, est inscrit dans nos cerveaux depuis plus de deux mille ans.

Cette idée d'une vie qui se noie puis disparaît dans son mouvement vers la connaissance est peut-être à rapprocher de l'abondante et récente littérature psychologico-fantasmatique autour de ce que l'on appelle l'expérience de mort imminente ou NDE, *Near Death Experience* (Moody, 2001). Certains malades qui ont survécu à un arrêt cardiaque grâce à des soins de réanimation rapportent un cortège de sensations le plus souvent vécues sur un mode agréable, et dont l'élément le plus invariant consiste en un tunnel de lumière très intense qu'ils traversent souvent dans un état de décorporation, dont ils reviennent lorsqu'ils sont ramenés à la vie. Des explications scientifiques de ce curieux phénomène sont proposées, explications qui font appel à des mécanismes neurochimiques et à des similarités avec d'autres situations neurologiques plus simples à étudier comme l'entrée en sommeil paradoxal (Nelson, Mattingly *et al.*, 2006), ou les stimulations cérébrales qui provoquent un état d'autoscopie, c'est-à-dire la sensation de s'observer depuis l'extérieur de son propre corps (Blanke, Ortigue *et al.*, 2002). Au-delà de ces tentatives d'explications, ce phénomène suscite une fascination extrême dans nos sociétés. Cette fascination prend l'aspect d'un *revival* du projet d'Icare : ainsi on pourrait se brûler les ailes, aller au bout du tunnel de lumière – qui symbolise la connaissance ultime –, et en revenir en pleine santé, sans séquelles ! Le sort d'Icare ne serait donc plus le nôtre ? Nous y reviendrons en temps voulu. Pour l'instant, nous sommes encore sur le rivage de la mer Égée et répétons-nous, Icare vient de nous enseigner que connaître sans limites est une démesure. Connaître sans limites est condamnable et dangereux. Nous retiendrons enfin que cette menace ainsi stigmatisée semble engager l'individu dans son rapport personnel et solitaire avec la connaissance.

L'homme qui en savait trop

Sans en avoir pleinement conscience lorsque je l'avais choisi, le second texte grec qui nous familiarisera avec cette idée des dangers véhiculés par la connaissance utilise lui aussi la métaphore de la lumière. Le livre VII de *La République* de Platon contient la célèbre allégorie de la caverne. Socrate tente d'y expliquer à Glaucon, jeune philosophe et neveu de Platon, quelle est l'essence de la connaissance et quelles sont les modalités de son acquisition par l'homme[1].

---

1. La traduction de *La République* à laquelle je me réfère correspond à l'édition parue chez Flammarion en 2002 (traduction par Georges Leroux).

Socrate commence par demander à Glaucon d'imaginer les hommes ainsi :

« Représente-toi des hommes dans une sorte d'habitation souterraine en forme de caverne. Cette habitation possède une entrée disposée en longueur, remontant de bas en haut tout le long de la caverne vers la lumière. Les hommes sont dans cette grotte depuis l'enfance, les jambes et le cou ligotés de telle sorte qu'ils restent sur place et ne peuvent regarder que ce qui se trouve devant eux, incapables de tourner la tête à cause de leurs liens. Représente-toi la lumière d'un feu qui brûle sur une hauteur loin derrière eux. »

Socrate ayant ainsi métaphorisé la condition humaine – qui n'est pas sans rappeler l'un des éléments clés du scénario de la trilogie cinématographique *Matrix* des frères Wachowski –, il en déduit ensuite un ensemble de conséquences relatives au contenu mental des hommes. Enchaînés depuis leur naissance, il ne leur est pas aisé d'en prendre conscience, comment pourrait-il en être autrement ? Non dépourvus d'organes sensoriels, ces hommes n'ont cependant pas accès à la source de leurs perceptions, aux objets eux-mêmes, mais uniquement aux ombres des objets situés dans leur dos qui sont projetées face à eux sur le mur du fond de la caverne, et aux échos renvoyés par les parois de la grotte. Ainsi, ces perceptions déformées, de « seconde main », et surtout les interprétations que ces individus élaborent à partir d'elles, ainsi que les croyances qu'ils en font dériver sont totalement erronées au regard du monde réel. Socrate nous invite alors à envisager quel pourrait être le sort d'un de ces individus s'il venait à être libéré de ses liens. Un homme se lève, un homme marche et peut librement orienter son regard vers ce qu'il n'avait jamais vu, vers ce dont il ne pouvait pas même imaginer l'existence, vers la sortie de la grotte qui était jusqu'alors dans son dos. Socrate suggère à Glaucon qu'un tel homme, confronté à des perceptions incompatibles avec celles qu'il avait jusqu'alors connues ne pourrait que commencer par douter de leur réalité.

S'ensuit alors une authentique initiation à cette nouvelle condition d'homme affranchi, initiation marquée par la souffrance, l'effort et la lutte contre les tentations de ne pas chercher à voir et à connaître ce qui s'offre à lui.

Enfin, à force d'éducation par des mains secourables, son intelligence va pouvoir se déployer et cet homme libre va accéder à la véritable connaissance.

« Alors, je pense que c'est seulement au terme de cela qu'il serait enfin capable de discerner le soleil, non pas dans ses manifestations sur les eaux ou dans un lieu qui lui est étranger, mais lui-même en lui-même, dans son espace propre, et de le contempler tel qu'il est. »

« Nécessairement », ne peut s'empêcher de lui répondre Glaucon.

Bref, notre homme a enfin réussi sa pénible ascension de la caverne à l'éclatante vérité de la lumière du Soleil. Une simple allégorie de la théorie de la connaissance de l'homme confronté à la vérité du monde pourrait se terminer là, mais Platon en veut davantage. Il désire encore nous entretenir de la suite de cette histoire. Un homme ne connaît pas seul. La connaissance n'est pas qu'un exercice solipsiste. La connaissance est aussi et surtout une affaire sociale, une activité de transmission et d'échange. L'allégorie de la caverne ne rechigne d'ailleurs pas à mettre en scène ces hommes qui ont aidé l'ex-enchaîné à sortir de sa condition, en le tirant par la main, en le forçant à sortir, en l'empêchant de regagner sa place... De quoi va donc nous parler Platon, à présent que l'homme libéré est un homme de connaissance ? Tout simplement de sa mission sociale, et de son ambition narcissique à recevoir les honneurs dus à son savoir – bref, de son désir de transmettre cette connaissance à ses anciens camarades toujours enchaînés, toujours bercés par leur ignorance congénitale.

Socrate et Platon vont-ils alors, comme on pourrait s'y attendre, faire l'apologie du prosélytisme intellectuel, véritable évangélisme avant l'heure au service de la connaissance ?

Nullement.

Lisons les dernières phrases de Platon et écoutons la voix de Socrate qui s'adresse à nous, nous qui sommes tous des Glaucon d'Athènes :

« Alors, s'il lui fallait de nouveau concourir avec ceux qui se trouvent toujours prisonniers là-bas, [...] ne serait-il pas l'objet de moqueries [...]. Quant à celui qui entreprendrait de les détacher et de les conduire en haut, s'ils avaient le pouvoir de s'emparer de lui de quelque façon et de le tuer, ne le tueraient-ils pas ? »

« À toute force ! » répond Glaucon[1].

À toute force ! L'homme de connaissance serait l'inévitable victime de la violence du groupe qui l'entoure. Icare nous montrait les risques du rapport de l'individu face à la connaissance. À présent, Platon nous indique que l'homme qui connaît est également vécu comme une menace par ses congénères, et que cette menace conduit à la disparition inéluctable de celui qui connaît, incapable de transmettre son savoir, et à la préservation de l'ignorance, fondement et garantie d'une certaine forme de paix ou, tout au moins, de confort social.

Étonnant pessimisme chez Socrate et Platon. Socrate et Platon, hommes aux yeux desquels la vie ne valait certaine-

---

1. « À toute force », selon la belle traduction de cette réponse par Bernard Suzanne (2001) consultable sur le site : http://plato-dialogues.org/fr/tetra_4/republic/caverne.htm.

ment pas la peine d'être vécue sans l'aventure de la connaissance, mais également hommes qui ne s'aveuglaient pour autant pas sur les limites implacables de la transmission de la connaissance, ni sur l'inévitable issue de cette aventure : le bol de ciguë. La ciguë que se résoudra à boire celui qui « corrompait les jeunes gens » d'Athènes et qui s'aventurait à offrir des dieux de la cité des représentations nouvelles jamais encore révélées. La connaissance de Socrate est corrosive, elle menace la cité d'Athènes dans ce qu'elle a de plus cher : son précieux équilibre social qui est garanti par la naïveté des croyances religieuses de ses citoyens, et en particulier de celles de sa jeunesse, promesse de son avenir. Socrate n'aura donc plus droit de cité ni même d'exister.

« Quant à celui qui entreprendrait de les détacher et de les conduire en haut, s'ils avaient le pouvoir de s'emparer de lui de quelque façon et de le tuer, ne le tueraient-ils pas ?

– À toute force ! »

CHAPITRE 2

La connaissance menace à Jérusalem

D'Athènes à Jérusalem, le voyage n'est évidemment pas une simple histoire de distance, une paisible traversée de la Méditerranée. Il s'agit au contraire d'une authentique révolution, c'est-à-dire d'un changement radical du regard porté sur la place de l'homme dans le monde et sur la signification de son existence. Passer d'Athènes à Jérusalem ne relève donc ni du progrès ni de la régression, mais bien de la révolution, au sens propre du terme, ainsi que l'atteste d'ailleurs l'ambivalence symptomatique qu'éprouvaient les rabbins du Talmud à l'égard des *hohmé yavan*, des « savants grecs ». Mélange d'admiration et de mépris, de fascination intellectuelle et de répulsion, voire de frayeur pour la nature des représentations mentales manipulées. Il est difficile de déterminer si cette ambivalence fut réciproque, et si ces *hohmé yavan* eurent vent du contenu de certaines des discussions qui enflammèrent les académies talmudiques d'Israël et de Babylonie. Nul doute néanmoins que si tel a été le cas, leur attention a dû être attirée par la teneur de certains développements relatifs au statut de la connaissance, développements qui se déployèrent au sein du judaïsme biblique puis pharisien. À travers l'exploration de trois récits, l'un biblique et les deux autres talmudiques, nous allons tenter de redonner vie à ces bouillantes cogitations orientales, et tout animés que nous sommes par notre recherche, qui sait si notre voix ne portera pas incidemment jusque sur les rives de l'Attique et du Péloponnèse ?

Du Paradis perdu
au Pardès retrouvé

L'une des plus antiques sources mythiques des dangers associés à la connaissance réside dans les premières pages du premier livre du Pentateuque, le livre de Béréchit ou de la Genèse, dans le récit de l'expulsion d'Adam et Ève du jardin d'Éden suite à la consommation, pourtant explicitement proscrite par le Créateur, du fruit défendu[1].

« L'Éternel-Dieu prit l'homme et l'établit dans le jardin d'Éden pour le cultiver et le garder. L'Éternel-Dieu donna un ordre à l'homme, en disant : "Tous les arbres du jardin, tu peux t'en nourrir, mais l'arbre de la connaissance du bien et du mal, tu n'en mangeras point ; car du jour où tu en mangeras, tu dois mourir !" »

Consommer le fruit de la connaissance du bien et du mal est intrinsèquement porteur d'une menace mortifère. Davantage qu'une punition infligée par Dieu, il nous est possible de lire dans ce passage une information délivrée à l'homme quant aux risques inhérents à l'acquisition de cette connaissance. Dieu ne punirait pas Adam et Ève de connaître, mais les informerait du prix véritable de la connaissance : devenir mortel et le savoir. L'origine de notre

---

1. La traduction de l'hébreu biblique provient de Munk (1979).

condition reposerait ainsi, selon la tradition biblique, sur notre relation à la connaissance ou tout au moins sur notre relation à un certain type de connaissance, la connaissance du bien et du mal, nécessaire fondement de toute forme d'éthique.

Que la connaissance ici visée concerne l'éthique est pour nous une source d'enrichissement. Chez Icare, nous avons identifié l'existence des dangers inhérents à notre rapport individuel à la connaissance, autrement dit les risques que je dois affronter, seul, lorsque je suis confronté, seul, à l'énigme de la connaissance. En remontant la pente de la caverne avec Socrate et Platon, ce sont les dangers de la connaissance envisagée comme une menace de la stabilité d'une collectivité humaine qui nous sont apparus dans leur évidence. La connaissance, puissant acide qui dissout le ciment sur lequel repose le fonctionnement harmonieux du groupe. Icare et l'individu, Socrate et le groupe, deux entités visées par la nocivité de la connaissance. Le récit biblique d'Adam et Ève insiste, quant à lui, sur une autre dimension de cette menace. Adam n'est plus seul dans le jardin d'Éden lorsqu'il doit respecter l'interdit divin, Ève est à ses côtés. Il n'est d'ailleurs pas seul concerné par cet impératif négatif, Ève sa compagne l'est tout uniment. Cette loi a été formulée pour et à deux êtres qui cohabitent. Ève a croqué, la première, le fruit interdit, mais Adam l'a vite suivie. Pourrait-on d'ailleurs imaginer un seul instant un scénario alternatif dans lequel seule Ève, ou seul Adam, aurait commis l'acte interdit ? Comment aurait réagi le texte du récit biblique ? Et quoi, Adam serait-il resté seul, peinard, à couler le reste de ses interminables jours dans ce paradis sur Terre, tandis que la pauvre Ève aurait été jetée hors de l'Éden, mortelle et enfantant dans la douleur ?... Grotesque. L'interdit biblique n'a de sens que s'il est respecté, ou transgressé, par un couple, par le couple. Consommer le fruit de l'arbre de la connaissance du bien et du mal, ou ne pas le consommer, est un acte que l'on commet à deux. Pas tout seul ni à quinze, mais à deux. L'éthique vise précisément cette relation duelle, celle qui me relie, moi, à l'autre, non pas moi à tous les autres, ou moi à un groupe d'autres, mais à l'autre, à cet autre moi, objet de mes représentations, objet de mes fantasmes, objet de mon désir. Le texte biblique d'ailleurs n'utilise-t-il pas invariablement ce même verbe de « connaître » pour qualifier la relation sexuelle amoureuse depuis sa première occurrence dans le livre de la Genèse : « Et l'homme connut Ève, sa femme » ? Loin de n'être qu'une expression marquée par le sceau de la pudibonderie ou par le charme discret de l'intimité conjugale, il faut voir dans ce choix lexical une déclaration d'ordre théorique : l'amour charnel est une authentique modalité de notre aptitude à connaître. La connaissance menacerait donc aussi cela, la pérennité de la relation amoureuse, la stabilité de mon rapport à cet autre qui vit avec moi, et réciproquement. Troisième victime de la connaissance, après la paix intérieure et la paix sociale, voici que la paix des ménages est en péril !

Nous est-il encore possible de rêver à un éventuel retour, eschatologique, au Paradis perdu ? L'intuition première pourrait nous orienter vers un confinement de la connaissance : si la connaissance est porteuse de tant de malheurs, une solution pourrait sans doute consister à s'éloigner le plus loin possible d'elle, à la bannir de notre quotidien. Pour la tradition juive talmudique, il n'en est rien. Elle propose au contraire une solution « contre-intuitive » à ce grave problème en recommandant de plonger corps et âme, nuit et jour, dans la connaissance du texte biblique plutôt que de la fuir. Variation autour du thème de « combattre le mal par le mal ». Aux yeux du judaïsme, l'étude de la signification du texte révélé, c'est-à-dire la quête infinie de cette forme de connaissance, constitue le plus important des 613 commandements divins. De ce commandement premier peut seul jaillir le sens de l'existence du juif pieux, ainsi que celui des 612 autres commandements dont la mise en pratique se réduirait sinon à une ritualisation obsessionnelle aliénante. Ce projet de connaissance infinie est audacieux du fait de la contradiction interne qu'il semble vouloir dépasser : une fois le fruit de l'arbre de la connaissance mortifère consommé, le juif traditionaliste envisage l'idéal de son existence sous le signe quasi exclusif de la connaissance ! L'herméneutique juive donne d'ailleurs une forme allégorique à ce projet dans un acronyme qui condense les quatre niveaux de signification postulés du texte de la Torah. Chaque verset du texte révélé est supposé pouvoir résonner à la fois dans une signification littérale (*Pechat*), dans un sens allusif (*Remez*), dans un sens d'exposition (*Derach*) et enfin dans un sens secret (*Sod*). La vie du juif érudit vise à se rapprocher le plus possible de la synthèse entre ces quatre formes d'entendement du texte divin. La réunion des initiales de ces quatre mots compose en hébreu le groupe de consonnes « PRDS », dont la vocalisation permet de prononcer, et donc aussi d'entendre, le mot qu'il réalise : *Pardès*, qui en hébreu signifie « paradis » ! Du Paradis perdu au Paradis retrouvé, le Pardès de l'interprétation. Plonger dans la connaissance infinie pour retrouver le Paradis perdu du fait même d'être devenus des êtres de connaissance. Selon le judaïsme pharisien, il semble possible de prendre conscience des risques inhérents à la connaissance sans pour autant la bannir du quotidien de l'individu, bien au contraire. Malgré cette lueur d'optimisme, il nous faut reconnaître que la tradition juive se représente néanmoins elle-même cet itinéraire comme ardu et risqué. Se frotter à la connaissance demeure une activité dont le Talmud ne cesse en effet de rappeler l'extrême dangerosité, tout en enjoignant à s'y livrer (presque) sans limites. Il ne suffit pas d'avoir été chassé de l'Éden, et d'être devenu mortel et lucide, pour ne plus avoir à redouter les effets délétères de la connaissance. Bien au contraire, ses menaces sont toujours présentes. Nous sommes mortels, certes, mais il y a pire, nous pourrions mourir tout de suite ! Ces avertissements talmudiques prennent souvent la forme de nombreux récits allégoriques qui ont alimenté des siècles de commentaires passionnés. J'aimerais exposer deux d'entre eux, deux récits qui s'inscrivent dans une continuité narrative et symbolique, et qui me semblent particulièrement pertinents dans le cadre de notre réflexion.

Vies et destins de quatre talmudistes en quête de connaissance

Le traité Haguiga du Talmud de Babylone[1] rapporte l'édifiante et tragique histoire de quatre figures rabbiniques

---

1. Les textes fondateurs du judaïsme comprennent la Torah – ou Pentateuque –, à laquelle sont ajoutés certains textes ultérieurs définissant le canon biblique, ou Tanah, et le Talmud qui est une version écrite de la tradition dite orale. Le Talmud, qui a été rédigé sur plusieurs siècles, correspond à deux projets successifs et complémentaires. Initialement, un corpus de textes divisés en six ensembles nommé Michna a été rédigé en Judée approximativement entre – 30 et 220. Dans un second temps, les rabbins ont rédigé la Guemara qui est une œuvre monumentale totalisant 63 traités visant à expliciter dans ses moindres détails et concepts les textes de la Michna. En réalité, deux versions successives de la Guemara ont été rédigées, la première qui porte le nom de Talmud de Jérusalem a été composée en Judée ; la seconde, plus volumineuse et plus extensive, a été composée en Babylonie jusqu'au VIᵉ siècle. Babel était alors le siège des centres intellectuels juifs religieux les plus vivaces.

majeures ayant réussi l'exploit de pénétrer à l'intérieur de ce Pardès, paradis de la connaissance. Le cadre historique de cette Hagada, forme allégorique du Talmud, est temporellement situé quelques décennies après la destruction du Second Temple de Jérusalem, en l'an 70, arrière-plan dramatique central de la culture talmudique.

Cet épisode débute ainsi (Haguiga, page 14b[1]) :

« Nos Sages ont enseigné : quatre hommes sont entrés au Pardès : Ben Azaï, Ben Zoma, A'her et Rabbi Akiva. »

Quelques lignes plus tard, le destin de ces hommes d'exception est scellé. Ben Azaï est mort sur place, abattu par ce qu'il contemplait. Ben Zoma a perdu à tout jamais ses esprits, et A'her a sombré dans l'hérésie. Seul le quatrième de ces maîtres, Rabbi Akiva, revient plein d'usage et raison de cette aventure, ainsi que le rapporte la suite du texte :

« Rabbi Akiva entra en paix et sortit en paix. »

Mort, folie, hérésie. Destin tragique de ses trois compagnons.

On se représente une espèce d'expédition commando en *terra incognita* conduite par un groupe d'élite guidé par un objectif commun : l'accès au Pardès, accomplissement ultime de l'apologie de la connaissance chantée par le Talmud. Puis la brutale désillusion pour trois de ces géants du savoir. La mort, la folie et l'hérésie.

Que signifie ce texte ? Pourrait-on y voir un démenti brutal de la « propagande » diffusée par les hommes de l'ombre, par ces recruteurs confortablement installés au

---

1. Les textes talmudiques ici rapportés renvoient à l'édition de Vilna (1835) dite Shas de Vilna, qui est utilisée par la grande majorité des éditeurs talmudiques contemporains. La pagination utilise deux codes : un numéro de page suivi de la lettre a ou b pour désigner le feuillet. Les traductions proposées ici sont librement adaptées de l'araméen, ou des traductions anglaises et françaises parfois disponibles.

fond des instituts d'études talmudiques qui enrôleraient dans cette macabre équipée les plus brillants des jeunes esprits de leur génération ? Le bout du chemin de ce qui était annoncé comme l'acte le plus joyeux, le plus libre et le plus épanouissant, l'accès à la connaissance absolue du sens des écrits révélés, ne mènerait en définitive que vers cela : mort, folie, hérésie. Ouvrez les yeux, c'est un casse-pipe, n'y partez pas la fleur au fusil ! En réalité, la signification de ce récit est plus fine que cela, et donc plus intéressante. Ce qui, dans ce texte, relève d'une exquise et douloureuse humanité provient de sa source, de ses auteurs. Loin de s'agir d'un extrait d'un quelconque « Livre noir du Talmud », qui dénoncerait les graves dangers de ce mouvement de pensée, ce récit figure en bonne place au cœur de l'héritage talmudique lui-même, invitation au voyage infini dans l'univers de la connaissance ! Aveu paradoxal : la vie de l'homme ne saurait être conçue, selon le Talmud, sans un immense appétit pour l'étude des textes sacrés, appétit qui, toujours selon le Talmud, conduira pourtant presque immanquablement à la mort, à la folie, ou à l'hérésie.

Mort et folie sont sans appel. Elles sont toutes les deux d'indiscutables conséquences néfastes de cet accès au paradis de la connaissance. Pourrions-nous cependant tenter de requalifier l'hérésie de la troisième victime, A'her ? Serait-il possible de lire dans son destin individuel, non pas un drame, mais plutôt une forme de liberté, une échappée au cadre restreint de la connaissance tel qu'il est défini par le judaïsme ? En d'autres termes, A'her pourrait-il correspondre à un type de juif émancipé dont rien ne justifierait de considérer le destin comme une pure tragédie, au-delà des seuls intérêts du Talmud, des talmudistes, voire du judaïsme ? Une tragédie pour l'univers du Talmud, mais un épanouissement pour A'her ? A'her serait-il, par exemple, comparable dans son rejet libérateur du judaïsme à Baruch Spinoza, prodige promis aux plus hautes destinées par ses maîtres spirituels de la communauté d'Amsterdam, maîtres décisionnaires qui l'excommunièrent pourtant le 27 juillet 1656 ? Spinoza fut certes excommunié, mais il gagna également sa liberté en inventant une géniale philosophie de l'existence et de la joie. De même, A'her s'est-il libéré dans ce que le Talmud qualifie d'hérésie ?

Autant le dire d'emblée, non. Nous ne pourrons pas ainsi requalifier l'hérésie d'A'her. En réalité, A'her ne s'est pas toujours appelé A'her. Avant son hérésie, ce personnage haut en couleur se dénommait Elisha Ben Abouya, et il était considéré comme l'un des esprits rabbiniques les plus profonds de son temps. *A'her* signifie littéralement « l'autre » en hébreu. Celui dont on ne veut plus prononcer le nom, celui dont on efface le nom des tablettes pour le remplacer par ce substantif anonyme. A'her donc, une fois son hérésie consommée, ne s'est pas livré à une existence de nihiliste, il ne s'est pas davantage tourné vers cette philosophie des « Sages de la Grèce » dont il avait très certainement connaissance, il ne s'est pas non plus transformé en hédoniste résolu, et n'a pas davantage adhéré à une vision zoroastrienne ou à une conception bouddhique de la vie. A'her n'a pas non plus préfiguré un esprit des Lumières, tout comme il ne fut pas un héros mythique annonciateur de la science moderne et du libre savoir. Comment pouvons-nous l'affirmer ? Le Talmud continue à nous raconter ses péripéties, une fois son patronyme effacé de ses pages et de ses enseignements. Qu'est-il devenu ? Un homme vidé de tout ressort ontologique, un être intellectuellement annihilé, un individu brisé. Si A'her ne respectait plus aucune des lois de la Torah, il continuait pourtant à leur porter un intérêt intellectuel sans pareil. Il avait d'ailleurs un élève, Rabbi Meïr, qui tenait à recevoir les enseignements exceptionnels de ce maître déchu. A'her est un personnage magnifique et tragique dont les « exploits » absurdes évoquent parfois le Quichotte, comme dans ce passage du traité Haguiga (page 15a), où il chevauche une monture un jour de Chabbat – ce qui constitue une transgression majeure des lois du « repos » de Chabbat – alors que son élève le suit à pied pour l'entendre dispenser ses enseignements de la Torah. Arrivé à une certaine distance marquant le périmètre de marche à pied autorisée pendant le Chabbat, A'her se tourne alors vers son élève et l'exhorte d'arrêter de le suivre afin que ce dernier ne transgresse pas cette loi du Chabbat ! A'her était devenu un être dépourvu de croyances, non seulement de croyances religieuses, mais aussi et surtout de croyances identitaires et existentielles. Il n'a pu remplacer les lois de la Torah par rien d'autre dans son esprit, tout en ne leur reconnaissant pourtant aucune valeur. Il avait une conscience aiguë de l'échec personnel de son aventure : la croyance, en général, lui était désormais impossible, mais elle demeurait possible chez les autres, dont Rabbi Meïr est ici une illustration. Authentique zombie de la croyance, et non pas conscience d'une forme d'athéisme ou de nihilisme, A'her attendait de mourir sans plus pouvoir croire en rien, et surtout pas en lui-même. D'une certaine manière, A'her était fou et mort à la fois dès sa sortie du paradis de la connaissance.

Mort, folie, hérésie.

La connaissance ?
Une vraie boucherie !

Si le naufrage tragique de ces trois érudits, victimes de la connaissance, ne vous a pas trop bouleversé, sans doute vous souviendrez-vous qu'ils n'étaient non pas trois au départ de leur expédition, mais bien quatre. *Quid* du quatrième, Akiva ? Son voyage au Pardès semble s'être achevé fort différemment de celui de ses trois compères. Relisons la phrase qui le concerne :

« Rabbi Akiva entra en paix et sortit en paix. »

Unique rescapé de cette folle échappée, Akiva pourra-t-il nous convaincre qu'il est possible d'être un citoyen serein du paradis de la connaissance ? Autrement dit, plutôt que de n'y voir qu'une tragique description de la condition de l'« homme qui en sait trop », le texte que nous venons d'étudier pourrait-il être une allégorie à visée pédagogique cherchant à enseigner à son lecteur comment la connaissance doit être appréhendée afin d'en recevoir tous les bienfaits sans y laisser trop de plumes ? Akiva serait-il ce modèle d'un rapport « sain » et réussi à la connaissance ? Le Talmud tempère en réalité assez nettement cette note d'optimisme, en racontant, dans un autre de ses traités, la fin de la biographie de cet illustre talmudiste qui demeure une référence majeure du judaïsme orthodoxe contemporain. Fait intéressant, les circonstances de la mort d'Akiva sont elles-mêmes enseignées à l'occasion d'une autre histoire talmudique ayant trait à la connaissance humaine. Ce passage qui se trouve dans le traité Menachot (page 29b[1]) est une allégorie célèbre de la capacité de

____

1. Traduction personnelle avec l'aide du rav Meir Sitruk.

l'homme à dévoiler de nouvelles significations du texte de la Torah au fil des générations, tout en demeurant fidèle au message originel de la tradition. Une forme d'infini de l'interprétation humaine qui s'inscrirait pourtant dans la totalité d'une révélation divine. Le rédacteur de ce texte met en scène un dialogue surprenant entre Moïse qui monte aux cieux pour y recevoir la Torah des mains de Dieu, et qui découvre le créateur de l'univers assis, de dos, en train d'ajouter au texte biblique des symboles graphiques en forme de couronnes, pourtant inutiles à la lecture des mots. Ces symboles sont aujourd'hui encore fidèlement copiés par les scribes sur chaque rouleau de parchemin du texte de la Torah. Ainsi débute ce fameux passage :

« Rabbi Yehuda a rapporté au nom de Rav. »

Aux vertigineuses généalogies biologiques et symboliques des héros de la mythologie grecque répondent les filiations de la tradition orale des rabbins du Talmud dont la parole vient toujours transmettre un enseignement « vivant » qu'ils ont reçu oralement d'un maître, et qu'ils rapportent à leur tour, qu'ils restituent donc, tel qu'ils ont pu l'entendre et le comprendre. Ce que ce texte nous rapporte est l'enseignement que Rabbi Yehuda a reçu en son temps de Rav, et que le rédacteur du Talmud a choisi de nous communiquer.

« Rabbi Yehuda a rapporté au nom de Rav.

Lorsque Moïse est monté aux cieux, il a trouvé Dieu assis en train d'attacher des couronnes aux lettres [du texte de la Torah]. »

Interloqué par un tel comportement, Moïse ne peut s'empêcher de réagir :

« Maître du monde, qui retient ta main ? »

Question elle-même quelque peu énigmatique, qui reçoit plusieurs interprétations chez les commentateurs du Talmud à travers les siècles. Selon l'explication la plus littérale, Moïse demandait en fait à Dieu ce qui l'empêchait de lui donner la Torah telle qu'elle était déjà rédigée, c'est-à-dire sans qu'il ait eu besoin de se livrer à cette tâche dépourvue de toute signification apparente.

« Dieu répondit : "Il y a un homme qui existera dans le futur, au bout de nombreuses générations, et son nom est Akiva fils de Yosef, qui dans le futur expliquera chacun de ces traits par des monceaux et des monceaux de lois." »

N'y tenant plus, probablement mû à la fois par sa passion pour la connaissance de la Torah, connaissance dont il pensait sans doute jusqu'alors être l'humain le plus proche, mais mû aussi par une certaine forme de fascination ou d'envie, Moïse répondit à Dieu :

« "Maître de l'Univers, montre-le-moi !"

Dieu dit : "Retourne-toi."

Il [Moïse] alla et s'assit derrière la huitième rangée [des disciples de Rabbi Akiva]. Et il ne comprenait pas ce qu'ils disaient. Ses forces s'affaiblirent. »

Moïse est en proie à un profond malaise. Propulsé environ mille ans plus tard dans l'académie talmudique de Rabbi Akiva, Moïse ne comprend rien à ce qui est rapporté par ce maître et ses élèves, il perd pied. Lui, le seul prophète à avoir vu Dieu, il ne peut soutenir la vue de ce spectacle. Il faut bien réaliser que l'ambiance d'un cours de Talmud n'était pas (et n'est toujours pas !) vraiment celle d'un cours magistral unidirectionnel reçu avec stupeur et tremblements par les étudiants, mais plutôt une fête de l'esprit critique dans laquelle fusaient de tous côtés questions et réponses contradictoires, sous la houlette d'un maître reconnu et respecté. Que devient alors pour Moïse le sens de son existence si cette connaissance, dont il se croyait pourtant la courroie de transmission de Dieu vers les hommes, lui devient totalement inintelligible en l'espace de quelques siècles à peine ? À sa place, il est certain que d'autres en perdraient leur latin !

« Lorsque l'enseignement parvint à un certain sujet, ses disciples le questionnèrent : "Rabbi, d'où tiens-tu cet enseignement ?"

Il [Rabbi Akiva] leur répondit : "C'est une loi reçue par Moïse au Sinaï."

Son esprit [celui de Moïse] s'apaisa. »

Moïse venait de comprendre que l'on peut être le dépositaire d'un savoir dont la portée ne se révélera que progressivement à travers les efforts d'exégèse, de lecture et d'interprétation des générations à venir. Nulle contradiction dans ce processus, nulle remise en cause existentielle. Aux yeux du judaïsme la vitalité de la tradition de la connaissance est précisément sous-tendue par la conjugaison d'une capacité de lecture infinie du texte révélé, avec une fidélité et une reconnaissance de la chaîne de transmission qui remonte jusqu'à la révélation sinaïtique.

« Il [Moïse] revint [à son époque], et alla vers le Saint Béni soit-Il et lui dit :

"Maître de l'Univers, tu disposes d'un homme pareil et c'est par moi que tu donnes la Torah !" Il [Dieu] lui répondit : "Tais-toi, ainsi est-ce monté par la pensée devant moi." »

D'après la plupart des commentaires de ce passage du dialogue, il ne faut pas nécessairement lire ici une réaction du narcissisme blessé de Moïse, mais davantage un questionnement sur sa propre place dans la chaîne et la hiérarchie de la tradition. Akiva est décrit par plusieurs commentateurs comme le seul individu qui naviguait à la fois dans l'entendement du monde humain, mais également dans celui d'un univers de pure connaissance, totalement abstrait, échappant aux contingences immédiates. Bref, Akiva est un incroyable symbole de la connaissance dans la tradition juive. Rappelons-le, il est le seul homme à avoir visité sans encombres le Pardès ! Il devient encore plus urgent pour nous de savoir comment la tradition talmudique se représente, dans son propre discours, le destin d'un tel homme.

Moïse insiste à nouveau auprès de Dieu :

« Maître de l'Univers, tu m'as montré sa [connaissance de la] Torah, montre-moi son salaire. »

Moïse veut connaître, et nous avec lui, la « récompense » réservée à Akiva pour sa maîtrise exceptionnelle de cette forme ultime de la connaissance qu'est, aux yeux du Talmud, la connaissance de la Torah. Il n'est bien entendu pas nécessaire de comprendre « récompense » au premier degré. La question qui est posée est celle de la compatibilité d'une telle connaissance avec les règles du monde des hommes. Dans quelle condition vit-on lorsque l'on atteint de tels sommets ?

« Il lui dit : "Retourne-toi", il [Moïse] se retourna et vit sa chair qui pendait aux étals [du marché]. Il [Moïse] lui dit en face : "Maître de l'Univers, telle est sa [connaissance de la] Torah et telle est sa récompense !" Il [Dieu] lui répondit : "Tais-toi, ainsi est-ce monté par la pensée devant moi." »

Parcimonie lapidaire des termes du Talmud dont la traduction révèle chaque fois l'effort de condensation extrême des images, des idées et des principes exprimés ou suggérés. Cette image insupportable de la fin de Rabbi Akiva est exprimée en araméen, langue du Talmud proche de l'hébreu, en trois petits mots : *chechokelin bessaro bemakolin*, « sa chair qui pendait aux étals ». Trois petits mots suffisent parfois à exprimer l'horreur, et à donner à voir tout ce que les trois petits mots ne disent pas mais suggèrent.

Contrairement à Ben Azaï, Ben Zoma et A'her, victimes de l'accès au Pardès, Rabbi Akiva ne périt pas, quant à lui, des conséquences de ce face-à-face direct avec la connaissance. Quelles sont donc les origines de son effroyable fin ? Judée, IIe siècle, guerre contre Rome et son empereur Hadrien, Rome qui met au pas cette province agitée de l'empire, Hadrien qui fait raser la ville de Jérusalem, Hadrien qui interdit bientôt l'enseignement de la Torah sous peine d'exécution capitale. Rabbi Akiva continue pourtant à enseigner publiquement, au mépris des diktats romains, et à former une nouvelle génération de disciples. Turnus Rufus, gouverneur de la province de Judée bientôt rebaptisée Palestine sur ordre d'Hadrien, comme pour en effacer toute judéité, fait arrêter Akiva et le fait supplicier sur la place publique. Ses chairs seront exposées aux étals du marché, suspendues à des crochets de boucherie. Chairs pendantes aux crochets du *Fleischmarket*, selon l'expression exprimée en yiddish par un célèbre talmudiste européen.

À ses amis qui lui recommandaient de songer à se protéger, et de suspendre l'enseignement de ses connaissances à la jeunesse de Jérusalem, Akiva répondait par une parabole :

« Un renard, voyant un poisson se débattre pour échapper aux filets des pêcheurs, lui dit : "Poisson, mon ami, ne viendrais-tu pas vivre avec moi sur la terre ferme ?" Le poisson lui répond : "Renard, on te dit le plus sage, mais tu es le plus sot des animaux. Si vivre dans l'eau qui est mon élément m'est difficile, que crois-tu qu'il en serait sur la terre ?" »

Ce que l'eau est au poisson, la Torah l'est à Akiva. Rien moins ! Renoncer à une eau dangereuse n'est jamais une solution pour celui qui ne peut de toutes les façons pas se passer d'eau pour vivre. La connaissance semble ici prendre l'aspect de ce « poison vital » à la recherche duquel nous sommes partis. Ne partagez-vous pas avec moi une impression de déjà-vu ? Au-delà des profondes différences culturelles qui les distinguent, les allégories sur la connaissance produites par Athènes et Jérusalem s'avèrent ici d'une troublante convergence. Au mythe d'Icare et des dangers d'une trop grande proximité de l'individu avec la connaissance répondent les sombres péripéties de Ben Azaï, Ben Zoma et A'her dans le jardin du Pardès, et celles d'Adam et Ève dans le Jardin d'Éden. À l'allégorie platonicienne de la caverne, qui représente la violence du groupe social à l'encontre de celui ou de ceux qui répandent leur connaissance, « corrosive pour la jeunesse », répond le destin tragique de Rabbi Akiva, qui ne se résolut pas, lui non plus, à cesser de « corrompre la jeunesse » de Jérusalem. Mises en abyme de ces allégories, les circonstances de la mort de Socrate et de celle d'Akiva renforcent la portée de ces considérations conceptuelles sur le statut de la connaissance. Ce n'est pas seulement dans les histoires que la connaissance tue !

CHAPITRE 3

La connaissance
menace outre-Rhin

Notre troisième, et dernière, excursion à la poursuite des sources historiques du concept d'une connaissance mortifère va nous conduire à explorer une fabuleuse odyssée culturelle, dont le premier épisode s'est joué dans un ancien État médiéval du sud-ouest de l'Allemagne, le duché de Wurtemberg, plus précisément dans le village de Knittlingen où serait né, vers 1480, Johann Georg Sabellicus.

Nous sommes tous
des Johann Georg Sabellicus !

Les données biographiques qui le concernent sont évidemment éparses, fragmentaires et sans doute sujettes à caution[1]. Notre Johann devient un fin lettré, alchimiste à ses heures, peut-être après un détour par l'Université de Cracovie,

---

1. On peut se référer aux sources suivantes : Collectif (1997), *Sous le signe de Faust*, Neuchâtel, Bibliothèque publique et universitaire ; Neher, A. (1987), *Faust et le Maharal de Prague*, Paris, PUF ; ainsi qu'au lien suivant : http://fr.wikipe-dia.org/wiki/Mythe_faustien

en Pologne. Contemporain du peu amène et inflexible Luther, qui semble le redouter et donc aussi le haïr, la réputation de Sabellicus s'entoure bientôt d'une aura sulfureuse. On commence à l'accuser de magie noire, d'hérésie religieuse, mais aussi – c'est décidément un invariant culturel – de « molester ses étudiants » ! Il est contraint à quitter sa chaire et ses sympathiques concitoyens du Wurtemberg. D'autres images de son existence, évanescentes et floues, nous proviennent de l'Université d'Erfurt, dans l'État catholique de Thuringe, en remontant vers le nord depuis le Wurtemberg. On raconte à son sujet de ténébreuses histoires. Il ferait apparaître à ses étudiants les fantômes de Priam, d'Achille et d'Ulysse, tout en leur enseignant les poèmes d'Homère. Le cyclope Polyphème s'inviterait parfois à la fête, en emportant selon son bon plaisir un ou deux étudiants arrachés de leurs bancs. Peur sur la ville ! Dans la confidence d'une discussion avec un moine franciscain, notre ami Sabellicus lui aurait confié : « Je suis allé plus loin que vous ne le pensez. » Plus tard, ce témoignage clérical – clérical, donc, bien entendu, à l'abri de tout soupçon – sera librement enrichi d'une fin de phrase en harmonie avec les intentions des juges chargés d'instruire son procès en sorcellerie : « J'ai fait une promesse au démon avec mon propre sang, d'être sien dans l'éternité, corps et âme. » Sans surprise et conséquemment, le pauvre Johann Georg Sabellicus est mis à mort en 1540 sur la place publique de la coquette petite ville de Staufen en Bresgau, devenue aujourd'hui une paisible station thermale au pied de la Forêt-Noire. Le cadavre déchiqueté de Johann Georg Sabellicus est exposé aux bonnes gens de Staufen. Un dernier écho du passé nous arrive encore. Version alternative de sa mort qui viendrait soulager le sentiment de culpabilité de ses assassins ? La sauvagerie de la mutilation du corps de Sabellicus ne serait pas l'œuvre de ses exécuteurs, mais la conséquence de l'explosion de la maison qu'il occupait, des suites d'une expérience d'alchimie qui aurait mal tourné. Quelle que soit la version exacte, on comprendra qu'il n'avait qu'à s'en prendre à lui-même. Enfin ! Pouvait-il vraiment prétendre à un destin plus heureux alors qu'il ne cessait de « molester » ses étudiants et d'explorer des domaines de la connaissance inconnus de ses contemporains ? Tout fin lettré qu'il était, Sabellicus aurait dû relire calmement la mythologie grecque et les récits allégoriques de la Bible et du Talmud, ou simplement faire attention aux best-sellers médiévaux. Le *Manuel des Inquisiteurs*, publié à Valence dès 1494, ouvrage disponible dans toutes les doctes bibliothèques du XVe siècle, n'expliquait-il pourtant pas déjà sans aucune équivoque possible (Eymerich et Pena, 2001) :

« Il ne faut point savoir plus que de mesure, il ne faut ni trop savoir ni s'abrutir. Par conséquent, nous ne devons pas en savoir plus qu'il ne faut. »

Un dernier détail biographique. Du temps de son magistère universitaire, le docteur Johann Georg Sabellicus avait été affublé d'un surnom propre à effrayer ses étudiants. Il était surnommé le « docteur au poing fermé », c'est-à-dire, en allemand, le docteur « Faust » !

De « Sabellicus » au « docteur Faust », nous voici à présent face à l'un des plus grands mythes de la culture européenne. Le mythe faustien s'invite très naturellement dans notre recherche en raison de trois facteurs principaux. Tout d'abord, et c'est ce que nous allons tenter d'explorer, il recèle un discours sur les méfaits de la connaissance, et plus précisément sur la soif de connaissance dont la satiété ne semble pouvoir être atteinte qu'à travers la disparition de l'assoiffé ! D'autre part, le maquillage diabolique et hérétique du docteur Faust, coupable d'un pacte avec le démon, nous servira à mettre en évidence la coloration qui fut donnée à ces fous de connaissance dans notre culture européenne, depuis le Moyen Âge jusqu'à la Renaissance, voire jusqu'aux Lumières. Troisième facteur d'intérêt pour Faust, sa proximité historique avec nous, plus grande que celle des récits bibliques, de la voix d'Athènes ou des pages talmudiques rédigées lors des six premiers siècles. En effet, si la légende de Faust s'enracine dans l'histoire de Sabellicus, vers la fin du Moyen Âge, elle ne naît véritablement que vers la fin du XVIe siècle, et ne cesse plus depuis d'inspirer artistes, écrivains et créateurs. Il s'agit donc d'un pont, très probablement du pont le plus précieux, qui nous permet d'établir une continuité directe entre les premières considérations, antiques, sur le pouvoir mortifère de la connaissance et notre époque actuelle.

Variations faustiennes, morceaux choisis

Le bon Sabellicus est mort depuis plusieurs décennies lorsque la première version écrite du mythe apparaît sous la plume de Johan Spies, intitulée le *Faustbuch* ou « Livre de Faust ». Rapidement, ce texte fait fureur, il est lu et raconté dans les villes et villages, mis en scène par des troupes de comédiens ambulants et par des marionnettistes. En 1594, le dramaturge élisabéthain Christopher Marlowe l'adapte et le traduit en anglais sous le titre *The Tragical History of Doctor Faustus*. Le mythe est désormais clair et relativement structuré : il s'agit de l'histoire exemplaire de la damnation d'un savant fort érudit qui ne pouvant résister à sa soif absolue de connaissance, n'hésite pas à signer un pacte avec le diable, représenté ici par Méphistophélès qui lui livre cet accès aux secrets de la connaissance durant vingt-quatre années. Le *Faustbuch* raconte de nombreux épisodes de cette période, parmi lesquels figure une étonnante vision du Paradis ! Faust, cinquième visiteur du Pardès ? Finalement, son âme sera dévorée à jamais par les flammes de l'Enfer. L'identification médiévale de la connaissance aux forces démoniaques résonne comme un « retour du refoulé », diraient les psychanalystes. Qu'est-ce qui est désigné par le démoniaque, sinon l'action du démon, et en particulier celle du *daïmon* de Socrate que la scolastique médiévale est évidemment loin de méconnaître ? Pour Socrate, le *daïmon* est un génie, source de ses inspirations les plus profondes et de la résolution de tous les problèmes intellectuels qui se présentaient à lui. Le pacte de Faust avec le diable a donc valeur d'injection de rappel pour le lecteur ou le spectateur : « Ne faites point comme Faust qui a voulu en savoir trop, sinon vous tomberez dans l'univers du démon. Or l'horrible et terrifiant démon, ne l'oubliez pas, n'est autre qu'une créature marquée par son excès de connaissance, un *daïmon*. »

À partir du *Faustbuch* et de la version de Marlowe, la légende va ensuite connaître d'innombrables adaptations et créations littéraires, musicales, scéniques et cinématographiques, dont certaines ont à leur tour marqué notre culture européenne. Goethe, en particulier, donnera un souffle poétique et romantique à ce mythe en y introduisant le personnage féminin de Marguerite, objet de la passion amoureuse de Faust. Cette extension du mythe faustien le rapprochera alors de celui de Dom Juan avec lequel il partage probablement de nombreuses autres similitudes[1]. Plus d'un siècle

---

1. On peut à ce propos se plonger dans le stimulant ouvrage de Jean-Pierre Winter (2001), *Les Errants de la chair : études sur l'hystérie masculine*, Paris, Payot-Rivages, « Petite Bibliothèque Payot », qui explore la figure de Dom Juan, et à travers elle celle de l'hystérie masculine dans sa fonction de miroir social. Des ponts sont ainsi suggérés entre les figures du marrane, de Dom Juan et de Faust.

plus tard, en 1947, au lendemain de la Seconde Guerre mondiale, Thomas Mann livrera son *Doktor Faustus* rédigé durant son exil californien à partir de 1943 : *Le Docteur Faustus, la vie du compositeur allemand Adrian Leverkühn racontée par un ami*[1]. C'est sur cette œuvre romanesque surprenante par son envergure intellectuelle et par sa modernité que nous allons à présent nous pencher.

Le Doktor Faustus est mort à Büchel en 1940

Mann établit des liens forts avec les versions antiques du traitement de la connaissance mortifère. Il propose également une synthèse de ces trois niveaux de menace que nous avons déjà rencontrés : menace contre l'individu, menace contre le groupe, et menace contre Éros et le couple. Enfin et surtout, Mann déniaise ce mythe de la catéchèse infantile qui habitait l'ensemble de ses versions antérieures. La menace de la connaissance devient totalement intériorisée. Plus de pacte avec Satan ni d'autre supercherie médiévale. En ce sens également, Mann renoue avec les conceptions antiques de cette question. Rappelons-nous, lorsque Icare meurt, ce n'est pas sous l'effet d'une quelconque malédiction ou d'un sortilège, il tombe en raison de la fonte de la cire qui cimentait les plumes de ses ailes. Surprenante argumentation physico-chimique, au sein même de la mythologie grecque qui n'hésite pourtant pas à faire entrer en scène l'irrationnel propre au surnaturel. Lorsque les lambeaux de chair de Rabbi Akiva pendent aux étals de boucherie, nul ne

---

1. Les passages cités correspondent à la traduction de Louise Servicen, récemment éditée en poche (Mann, 1996).

crie à l'œuvre du diable ou de ses créatures, mais à celle des légionnaires romains qui sont nés et qui sont morts sous le même Soleil que lui et que nous. De même, Mann sécularise et naturalise la question de la connaissance mortifère.

Alors approchons-nous de lui.

Chez Mann, le Dr Faustus s'appelle Adrian Leverkühn, homme dont l'existence sera marquée par le sceau de l'audace (*Kühn* en allemand). Leverkühn/Faust est un musicien de génie pétri de philosophie théologique, inventeur de la musique dodécaphonique. Les modèles du personnage de Mann étaient Nietzsche et Arnold Schönberg, l'inventeur véritable de cette forme musicale. Dans le roman, le récit de l'existence de Leverkühn/Faust nous est narré par son ami d'enfance, Serenus Zeitblom, pieux admirateur de son génie et authentique gentilhomme humaniste, citoyen désenchanté du IIIe Reich – IIIe Reich qui, par ailleurs, habite en contrepoint l'ensemble de l'œuvre. En quelques phrases, Mann assoit clairement la position antinazie du narrateur, et donc la sienne. Zeitblom naît en 1883, devient docteur en philosophie et théologien, marié à Hélène, père de trois enfants. Son récit chronologique remonte à son enfance. Catholique, fils d'une bourgeoisie « à moitié savante », son père, pharmacien et habitant de la petite ville de Kaisersaschern, anime un petit salon auquel participent les personnalités locales, dont le curé et le rabbin, « ce qui n'eût guère été possible dans les milieux protestants ». Et voilà pour l'irascible Luther.

Un peu plus loin, en proie à la catastrophe qui guette sa nation – l'action du roman débute le 27 mai 1943 –, Zeitblom tranche : « Plus redoutable que la défaite allemande serait la victoire allemande. »

Et voilà pour le IIIe Reich.

Leverkühn/Faust est un génie créateur, inspiré par la plus forte des passions : la « curiosité de l'esprit », plus forte à ses yeux encore que l'amour. En faisant d'Adrian Leverkühn un compositeur qui va plonger à l'origine de la polyphonie pour inventer de nouvelles sonorités, Mann trouve une métaphore puissante du retour aux origines du mythe faustien. Nous y sommes. La création musicale de Leverkühn, qui s'élance au-delà des convenances bourgeoises et romantiques de son époque, est pour Mann l'une des modalités les plus élevées de la connaissance, et elle reçoit immédiatement une connotation sacrilège et hérétique. Précurseur en cela des neurosciences de la subjectivité, Mann avait déjà perçu que connaître, accéder à une connaissance, procède davantage de la création – artistique, scientifique ou autre – que de la découverte.

Le « pacte » avec Méphistophélès peut alors être intériorisé et en un certain sens, « neurologisé ». Adrian Leverkühn part à 21 ans à Leipzig pour approfondir sa formation musicale théorique. Le soir de son arrivée, il tombe entre les mains d'un guide louche et graveleux au « parler diabolique », à la « coiffe rouge » et porteur d'une « barbiche », guide qui l'oriente à son insu vers un bordel alors qu'il lui demande de le conduire dans une auberge. Dans l'ambiance tamisée du lieu sulfureux, il découvre une « brunette au nez retroussé » qui commence à lui « mignotter la joue ». Esmeralda, ainsi qu'il la surnomme, s'est inscrite dans son esprit. Adrian s'enfuit aussitôt. Obsédé par l'image de cette femme, il résiste un an avant de retourner, de son propre chef cette fois, au lupanar de Leipzig. Elle n'est plus là. Partie dans une autre maison de filles, en Hongrie, suite à un traitement médical. Mann commence à distiller sa version contemporaine de Méphistophélès. Adrian profite d'une invitation pour la création de l'une de ses œuvres pour se rendre dans la nouvelle ville d'Esmeralda. Il la retrouve. Esmeralda lui avoue être malade. Contagieuse. Esmeralda est syphilitique. En l'aimant, c'est la mort qu'il risque de trouver. Adrian va au-delà de cette menace, comme il va au-delà des menaces de son exploration de la connaissance musicale. Adrian aime Esmeralda, il fait sa connaissance, au sens biblique, puis repart. Adrian a contracté la syphilis. Rapidement, le chancre syphilitique se manifeste, et il consulte un premier médecin, le Dr Erasmi, dont rien n'interdit de penser qu'il est une référence à Érasme l'humaniste, dont la conception de la connaissance pourrait sans doute encore sauver Adrian. Mais ce médecin meurt brutalement quatre jours plus tard. Un second médecin consulté par Leverkühn est arrêté devant lui dans l'escalier de son immeuble par des officiers de police. Il n'a que le temps de deviner le sourire inscrit sur ses lèvres, scène kafkaïenne à souhait. Il ne se soigne alors plus. Le mal s'installe. Leverkühn développe insidieusement une forme cérébrale de la syphilis – qui correspond à ce que l'on appelle la syphilis tertiaire avec des complications neurologiques et surtout neuropsychia-triques. Méphistophélès peut alors faire son entrée. Méphisto-phélès n'est pas une petite breloque de marionnettiste, c'est une hallucination psychique de Leverkühn lui-même !

Leverkühn écrit *a posteriori* le récit de son hallucination, partagé entre crédulité et conscience du délire. Ce texte est censé être confidentiel, mais il tombera après son décès entre les mains de Zeitblom, qui ne manquera pas de le publier dans le roman de Mann, en bon contemporain de Max Brod. Leverkühn est en train de lire, seul, l'essai de Kierkegaard sur Dom Juan, nouvelle allusion déjà évoquée aux liens entre ces deux mythes. L'un de ses rares amis, Schildknapp vient de le quitter. Soudain un froid cinglant le saisit, « comme en hiver lorsqu'on est dans une chambre chauffée et que soudain une fenêtre s'ouvre sur le gel du dehors. Je lève les yeux, regarde dans la salle et m'aperçois que Schildknapp a dû revenir car je ne suis plus seul. Quelqu'un est assis dans la pénombre, sur le sofa de crin placé près de la porte... il est assis au coin du sofa, les jambes croisées, mais ce n'est pas Schildknapp ».

« *Chi è costa ?* » demande à voix haute Leverkühn.

C'est Méphistophélès en personne. Méphistophélès dans l'Allemagne des années 1910 fait déjà preuve d'un national-socialisme assez prononcé :

« Ne parle qu'allemand ! Parle donc le bon vieil allemand sans palliatifs ni guirlandes. Je comprends cet idiome. C'est ma langue préférée. Il y a mesme des moments où je ne comprends que l'allemand. »

S'ensuit un long et profond dialogue. Méphistophélès expose à Leverkühn la nature de son infection syphilitique, et notamment le fait qu'il est « porteur d'un foyer infectieux cérébral ».

Leverkühn, tel un rêveur lucide, s'exclame alors : « Ah ! Je t'y prends, idiot ! Tu te trahis et tu m'indiques toi-même le point de mon cerveau, le foyer fébrile qui crée l'hallucination de ta présence et sans lequel tu ne serais pas. Tu trahis ainsi que, dans mon trouble, si je te vois et t'entends, il est vrai, tu n'es pourtant qu'un fantasme devant mes yeux. »

Conservons cette géniale réplique dans un recoin de notre esprit, elle saura résonner, plus tard, dans une signification visionnaire, à la portée plus générale encore lorsque nous plongerons dans le territoire des « neurosciences-fictions ».

Quelques pages plus loin, le pacte est scellé :

« L'illumination laissera intactes jusqu'à la fin tes forces intellectuelles : même, elle les stimulera par périodes jusqu'à la transe clairvoyante. »

Puis Leverkühn perd brièvement connaissance, dernier signe clinique d'une probable crise d'épilepsie du lobe temporal. À son réveil, Schildknapp, qui ne s'est aperçu de rien, est à nouveau à ses côtés.

Mann a replongé dans les sources médiévales de Faust pour nous en livrer une version totalement contemporaine, mais néanmoins fidèle à la tradition originelle. Mieux, ce retour aux sources du mythe autorise une mise en relation directe avec la tradition grecque et judéo-chrétienne que nous avons explorée. Son Faust réunit les trois formes de danger de la connaissance que nous avons déjà rencontrées. Leverkühn est victime de son désir. Désir d'explorer la musique dans une recherche d'un absolu. Ce désir l'amènera vite à se retrancher du monde, à se soustraire au bruit du monde, et à évoluer vers une abstraction qui le rend abscons et ridicule aux oreilles, sinon aux yeux de ses contemporains. Ainsi, l'interprétation, en son absence, de l'une de ses grandes pièces musicales dodécaphoniques – son *Apocalypse* –, à Francfort-sur-le-Main en 1926, ne rencontrera que « cris malveillants et rires ineptes » qui nous rappellent les moqueries dont Socrate entretenait Glaucon en évoquant les ignorants de la caverne face au retour de l'homme qui a accédé à la connaissance. Leverkühn est un homme seul. Isolé du groupe, il en fuit aussi la violence, fidèle en cela aux recommandations de Socrate à Glaucon. S'en protège-t-il d'ailleurs si bien que cela ? La fin de l'existence de Leverkühn ressemble à s'y méprendre à un procès joué d'avance. Il invite la trentaine de personnes de son entourage et se livre dans un monologue halluciné à l'annonce de son pacte avec Satan. L'un après l'autre, les jurés qu'il s'est lui-même choisi quittent à leur tour cette scène, comme s'ils en avaient suffisamment entendu pour rendre leur verdict : « Coupable. » Ce terrible discours est évidemment le fruit des complications cérébrales de sa syphilis, mais il épouse également à merveille les « aveux » extorqués par les Inquisiteurs aux sorciers, nécromants et autres hérétiques. Leverkühn se plie d'une certaine manière aux attentes critiques de son auditoire bourgeois. Il reçoit la damnation du Satan de son esprit, et la condamnation de la société de son temps.

Leverkühn est aussi victime de son désir de connaître Esmeralda. Ce désir fatal incarne d'une manière brillante et très émouvante les liaisons dangereuses d'Éros et Thanatos. Leverkühn a consommé le fruit de l'arbre du désir de la connaissance de l'autre. Déjà la Bible n'écrivait-elle pas : « C'est pourquoi l'homme abandonne son père et sa mère ; il s'unit à la femme, et ils deviennent une seule chair » (Livre de la Genèse, chapitre II, verset 24).

Enfin, Leverkühn est évidemment aussi victime de son propre désenchantement, qu'il poussera dans un cri ultime à travers son grand œuvre, le *Chant de douleur du Docteur Faustus*, mise en abyme merveilleuse du mythe. Le contenu de cette pièce musicale ressemble à la sonate de Vinteuil de Proust, dont on jurerait sur ce que l'on a de plus cher que nous l'avons déjà entendue. Leverkühn, disons-le dès à présent, est victime de sa croyance en un ordre caché de la musique et de la connaissance. Son parcours d'homme seul va le conduire à la plus horrible des découvertes : le néant, l'absence de signification du monde et de nous-mêmes. Lorsque son neveu adoré, l'angélique Nepomuk, « dernier amour de sa vie », meurt d'une méningite cérébro-spinale foudroyante dans d'horribles souffrances, Leverkühn atteint l'étape ultime de son voyage. Le monde est non-sens. Tel est l'ultime cadeau de la connaissance. Il peut alors mourir, dément, atteint de la paralysie générale, forme terminale de la syphilis.

CHAPITRE 4

Des mythes à la réalité
ou l'art de la « mauvaise solution »

Au terme de ce bref voyage en ces trois lieux symboliques de notre culture occidentale que sont Athènes, Jérusalem et le mythe germanique de Faust, nous voici face à cette dimension mortifère de la connaissance que trois mille ans de civilisation nous ont transmise en héritage. Oui, connaître est une activité vitale et potentiellement fatale. Une question demeure : cette menace omniprésente était-elle confinée à l'univers imaginaire des mythes et des récits, ou a-t-elle trouvé une existence tangible dans la réalité quotidienne des sociétés humaines ? Autrement dit, les hommes ont-ils traduit en actes cette conception mythologique du péril de la connaissance ? Ont-ils par exemple adopté le comportement usuel face à un danger : chercher, par tous les moyens, à s'en protéger ? Bref, si la connaissance posait problème, lui ont-ils apporté des solutions ? J'ai conscience que ce vaste sujet relève de travaux historiographiques et sociologiques conduits par des experts parmi lesquels je ne prétends pas compter. Pour autant, il me semble peu risqué d'avancer que l'Histoire regorge de « solutions » apportées à cet antique problème de la connaissance. Des solutions que je qualifierais par convention de « mauvaises » pour souligner qu'elles consistent à solutionner le problème de la connaissance en le fuyant : mettre l'individu à distance de cette expérience pour ne plus affronter les dangers qui lui sont associés. J'aimerais préciser en quelques mots ce que j'entends également derrière ce vocable de « mauvaises solutions » développées par l'homme pour se protéger de la connaissance. Cette conception ne relève pas d'une vision paranoïaque de l'Histoire ou d'une théorie du complot généralisée. Ces « mauvaises solutions » n'ont pas été inventées, à chaque époque, par quelques individus machiavéliques capables d'imprimer à leur civilisation des croyances dont ils se seraient eux-mêmes affranchis. Elles auraient plutôt émergé à partir de l'organisation d'un tissu socioculturel complexe. En réaction aux menaces véhiculées par la connaissance, nos prédécesseurs ont ainsi imaginé, à chaque époque, des barrières pour se protéger de l'expérience même de la connaissance. Je vais ici me contenter de brosser à grands traits les contours de certaines de ces « mauvaises solutions ».

C'est dès l'Antiquité que les premières de ces « mauvaises solutions » semblent avoir vu le jour. Au-delà de leurs profondes différences, les sociétés égyptienne, grecque et romaine partageaient un même principe de cloisonnement de la connaissance que l'on pourrait schématiser ainsi : l'accès à l'instruction était réservé à une élite très minoritaire, tandis que les masses populaires incultes et illettrées étaient nourries par un condensé de croyances et de repères stables. Cette organisation sociale très stricte n'était pas le fruit d'un plan visant explicitement à protéger ces sociétés des méfaits de la connaissance, mais il n'empêche qu'en interdisant l'accès aux outils de savoir à la majorité des individus, ce problème était résolu de la manière la plus radicale qu'il soit. Le cloisonnement donc, « mauvaise solution » antique au problème de la connaissance.

Le Moyen Âge européen a fait un autre choix. Sa « mauvaise solution » fut plutôt celle d'un obscurantisme religieux fondé sur la peur, peur de la mort et de l'enfer, sur la dichotomie du bien et du mal, et sur le mécanisme de rédemption par la soumission à un discours religieux stérilisant la pensée. Craignez la connaissance, tenez-vous-en à l'écart ! L'exploitation du pouvoir de la croyance religieuse sur les esprits a ici donné sa pleine mesure. La « mauvaise solution » médiévale pourrait se résumer à la formule du précieux *Manuel des Inquisiteurs* que nous avons déjà évoquée : « Nous ne devons pas en savoir plus qu'il ne faut. » Contrairement au principe de cloisonnement de l'accès à la connaissance, qui continuait d'ailleurs à opérer, cette injonction contient une véritable et insidieuse dénaturation de la connaissance. En effet, Icare, la caverne de Socrate et les rabbins du Talmud nous l'ont déjà appris : la connaissance ne peut être délimitée en aucune façon. Elle est un voyage infini auquel on ne saurait fixer, par avance, un terme bien balisé. Ne pas savoir « plus qu'il ne faut », ce n'est pas savoir un petit peu, c'est ne rien savoir du tout ! Connaître consiste précisément à repousser sans fin les frontières de l'ignorance. Acquérir une « connaissance » en dehors de cette posture qui définit ce qu'est l'expérience de connaître n'est pas connaître. Cette apologie médiévale d'une connaissance limitée, était donc une première forme de malhonnêteté intellectuelle conduite sous deux formes complémentaires. D'une part, essor d'un « opium du peuple » chrétien qui, en épuisant les efforts mentaux des individus dans un travail anxiogène de rédemption sans fin, permet aussi de les détourner de la connaissance. Et d'autre part, pour les hommes et les femmes les plus lettrés, établissement d'une seconde barrière à travers la promotion d'une connaissance dénaturée : « Pas plus qu'il ne faut. » Je préfère me répéter, ces mécanismes que nous supposons ici être à l'œuvre ne seraient pas la création d'un moine machiavélique sombre et génial – comme le terrible Jorge de Burgos aveugle du roman *Le Nom de la rose* (Eco, 2002), ou d'une société secrète – genre Opus Dei avant l'heure –, mais l'émergence d'une pensée collective.

Il est plus difficile de se prononcer sur les « mauvaises solutions » en cours entre le Moyen Âge et les Lumières. La période de la Renaissance semble floue à plus d'un titre pour plusieurs historiens (Delumeau, 1999). Mérite-t-elle d'être délimitée d'une manière aussi nette que le Moyen Âge ou l'âge des Lumières ? La question demeure. Quoi qu'il en soit, l'image d'Épinal que nous nous faisons d'ordinaire de cette période de renouveau artistique et intellectuel épouse les clichés suivants : relecture de l'Antiquité et feu d'artifice des beaux-arts, diffusion des savoirs par l'imprimerie, humanisme d'Érasme et de Montaigne, découvertes géographiques et culturelles... Bref, la Renaissance marque un nouveau rapport à la connaissance, en tout cas dans les milieux éduqués qui demeurent minoritaires, et préfigure sans doute la possibilité des Lumières du XVIIIe siècle européen.

Nous y voilà, la révolution des Lumières dont le simple nom fait œuvre de repoussoir à l'obscurantisme médiéval et aux traces qu'il avait laissées dans les sociétés et les mentalités. Sous l'angle qui nous préoccupe ici, nous retiendrons avant tout de cette fabuleuse époque sa tentative de débarrasser la connaissance des barrières que les générations précédentes avaient édifiées. Décloisonnement donc, contre la « mauvaise solution » antique, et ouverture des savoirs, dans leur plus grande diversité, à tous – ou plutôt à chacun. Souci de l'individu contre la masse indistincte, de chaque individu, et souci de l'éclairer et de le libérer de ses chaînes et de le sortir de ses croyances puériles et confuses. Les Lumières, c'est d'une certaine façon la réponse à Socrate et Glaucon. On peut briser les chaînes des aliénés qui croupissent dans la caverne depuis le fond des âges, et les aider à se lever pour voir directement la lumière du Soleil et les objets tels qu'ils sont, plutôt que de contempler les ombres infidèles, obscures et trompeuses. Contre le pessimisme lucide du divin Socrate, qui n'était qu'un homme seul et qui à ce titre avait probablement raison, les esprits des Lumières françaises, de l'*Aufklärung* allemand et de l'*Enlightenment* anglais se sont dressés comme un seul homme pour défaire les entraves mentales des masses. À travers la cohésion d'un mouvement qui ne reposait pas sur les épaules d'un seul individu, certaines chaînes ont été brisées, durablement. Décloisonnement absolu de la connaissance dont le symbole le plus emblématique n'est autre que l'*Encyclopédie* et ses trente-cinq volumes, œuvre collective dirigée par Diderot et explicitement conçue comme un dictionnaire universel des savoirs, des sciences et des arts mis à la disposition de chacun. Et voilà pour le cloisonnement antique de la connaissance.

La seconde barrière que les Lumières ont fait voler en éclats est celle qui avait été minutieusement élaborée au Moyen Âge : l'obscurantisme religieux qui avait su colorer la connaissance d'oripeaux diaboliques et qui condamnait les excès de savoir et les savoirs hérétiques. À cette peur de savoir, de trop savoir, insufflée dans les esprits, les Lumières ont répondu sans ambages et sans complexes, par la voix d'Emmanuel Kant dans son ouvrage intellectuellement engagé *Réponse à la question : qu'est-ce que les Lumières ?* qui redonnait voix au poète Horace : *Sapere aude !*, « Aie le courage de savoir ! » Une réponse cinglante et définitive au *Manuel des Inquisiteurs*. L'autonomie de la pensée est (presque) à la portée de chacun. Nous reviendrons pourtant en temps voulu vers cette période extraordinaire que furent les Lumières et dans laquelle s'enracine, je le crois, notre condition contemporaine face à la connaissance, à la fois dans ce qu'elle recèle comme richesses, mais aussi comme source de problèmes très spécifiques. D'autre part, remarquons qu'elle fut également marquée par l'apparition d'une nouvelle « mauvaise solution », d'allure relativement inoffensive, mais qui participera à circonscrire les efforts ultérieurs, je veux parler de la censure politique qui commet ses premiers forfaits de grande ampleur durant cette période des Lumières, en réaction précisément à ces libres savoirs que les pouvoirs en place redoutent plus que tout.

Plus près de nous enfin, nous rencontrons les idéologies du XXe siècle, qui semblent avant tout marquées par deux régressions majeures en ce qui concerne leur rapport à la connaissance. Le nazisme et le communisme ont opéré un véritable détournement utilitaire de la connaissance dans sa dimension scientifique, mais également technique et artistique. La connaissance devient totalement asservie aux objectifs militaires, politiques, sociaux ou raciaux que ces régimes s'étaient fixés. Rouge ou brun, les nouveaux discours sur la connaissance tournent en dérision l'« esthétique bourgeoise » de la connaissance, l'art et la science « dégénérés », la littérature « déviante », ou le cinéma « antisoviétique », « antirévolutionnaire »... La seconde régression propre aux idéologies du XXe siècle pourrait être qualifiée de « déconnexion du réel ». L'utilisation de la propagande de masse fondée sur les moyens de communication unidirectionnels comme la presse écrite, la radio et la télévision autorisent un authentique travail de manipulation centralisé qui aboutit à une « hallucination collective », c'est-à-dire à une distorsion du réel. Le réel est troqué contre une certaine représentation du réel, représentation qui épouse l'idéologie du régime et qui, du fait de sa diffusion massive dans la société, pousse fortement les individus à croire et à penser que ce qu'on leur propose n'est pas une représentation du réel parmi tant d'autres possibles, mais le monde réel tel qu'il est et tel qu'il doit être. Mode de pensée psychotique dont on peut encore se faire une idée en 2010 en s'intéressant à certains régimes très fermés tels que la Corée-du-Nord. L'idéologie enterre donc la distinction kantienne entre le noumène, l'objet tel qu'il est en dehors de moi, et le phénomène, les manifestations de cet objet dans mon esprit. Retirer la couche de la représentation et de l'interprétation du réel est effectivement une méthode diablement efficace pour faire converger, à leur insu, les croyances des individus sur un format commun. Ce à quoi vous croyez n'est pas une certaine interprétation du réel, interprétation que vous pourriez discuter, corriger, voire échanger, mais c'est le réel lui-même qui vous rend visite. Cette opération de contrôle des esprits qui vise à protéger le régime contre les méfaits sociaux de la connaissance des individus connaîtra un franc succès au XXe siècle chez les adeptes de « révolutions culturelles » et de ces autres entreprises collectives qui visent le bonheur de tous envers et contre le désir de chacun. On comprend aisément au passage la faible affection portée par tous ces régimes idéologiques à la psychanalyse, discipline qui porte une attention extrême à la singularité de chaque individu et qui fait la promotion d'un exercice de déconstruction des données immédiates de la conscience du sujet. La psychanalyse constitue l'une des modalités d'accès, parmi d'autres, à la distinction fondamentale entre la représentation et son objet. Sous une forme édulcorée, ce que l'on désigne communément aujourd'hui sous l'expression générique de « pensée unique » procède de cette même dénaturation du concept de représentation.

Finalement, mythes et réalités, même combat, même message : pendant plus de trois mille ans, la connaissance a été pensée et vécue comme un poison vital. Et aujourd'hui ? Nulle menace à connaître ne semble plus habiter les discours dominants de nos sociétés. La connaissance ne nous poserait désormais plus aucun problème, bien au contraire. La connaissance un poison ? Vous plaisantez !

Ce violent contraste des mentalités et des représentations fait jaillir un feu de questions. Pourquoi et comment notre discours a-t-il pu évoluer si rapidement, en rupture radicale avec tous ceux qui l'avaient précédé ? Est-ce la menace qui a disparu ou nos yeux qui ne la voient plus ?

Arrêtons-nous un instant sur les termes de cette dernière alternative. Ces menaces scandées depuis l'Antiquité auraient miraculeusement disparu ? Un cadeau non intentionnel de notre époque ? Cadeau des effets conjugués de notre technoscience, de l'émancipation religieuse et sexuelle, de l'évolution des consciences politiques et sociales toujours plus avides de transparence, et qui toutes concourent à la valorisation inconditionnelle de la connaissance ? Nous nous serions libérés des menaces de la connaissance, nous pourrions aller jusqu'au bout du tunnel de lumière et en revenir indemnes, pauvre ringard d'Icare ! Pourquoi pas, mais il nous faudrait également comprendre comment. Et au-delà de cette « pasteurisation de la connaissance », expliquer comment nous aurions pu si rapidement oublier les peurs qui hantaient nos prédécesseurs jusqu'à il y a peu. Car le thème de la « connaissance qui tue » n'était pas un secret qui ne circulait qu'au sein de cercles protégés et instruits. Chacun était touché, depuis plusieurs siècles, par l'une ou l'autre des formes de cette idée : l'arbre de la connaissance, Icare et ses ailes, les représentations populaires de la légende de Faust... En l'espace de quelques dizaines d'années, ce paysage intellectuel aurait été radicalement transformé. Nous aurions coupé le cordon avec les mythes et leurs traductions sociales et historiques.

À voir.

Ou bien... Ou bien il nous faudrait plutôt considérer l'autre hypothèse : la connaissance aurait conservé l'essentiel de ses menaces. La connaissance serait toujours mortifère, pour l'individu, pour le groupe social et pour le couple. Le risque demeurerait entier, aujourd'hui comme hier. Si tel était le cas, il faudrait alors expliquer pourquoi notre discours actuel autour de la connaissance ne contient aucun signal d'alarme, aucune zone d'ombre. Comment serions-nous capables de nous autoproclamer « sociétés de la connaissance » sans nous mettre nous-mêmes en garde contre ses effets nocifs ? Une société d'irresponsables et de doux rêveurs ? Comment parviendrions-nous à tenir ce discours positif « bonasse », inspiré par la méthode Coué, sans nous rendre compte de son inadéquation au réel et de son caractère profondément erroné ?

Désorientés par cette rafale d'interrogations, une dernière question ose encore nous assaillir : comment procéder pour avancer ? Une fois n'est pas coutume, une réponse vient assez naturellement à notre rencontre : en prenant appui sur un invariant qui est commun à ces trois mille ans qui nous ont précédés, ainsi qu'à notre époque contemporaine. Cet invariant intemporel n'est autre que l'enracinement cérébral de notre faculté à connaître, c'est-à-dire la prise en compte des propriétés psychologiques et neurologiques qui font de nous ce que nous sommes depuis bien plus longtemps que trois mille ans, aussi bien sur les rives de l'Attique que sur celles du Pacifique, de la mer Morte ou du Rhin : des êtres de savoir, des hominidés de la connaissance.

LA CONNAISSANCE,
UNE HISTOIRE
DE NEUROSCIENCE-FICTION

Depuis la première page de ce livre, le terme de « connaissance » ne cesse de nous accompagner. Pour autant, notre usage de ce mot s'est limité jusqu'à présent aux dimensions abstraites, historiques, mythologiques, voire sociologiques de ce concept. Mais n'oublions pas que la connaissance est aussi une affaire très concrète, familière et quotidienne, pour chacun des individus que nous sommes. La connaissance se joue toujours au cœur de nos subjectivités respectives et singulières qui, malgré leur diversité, obéissent à des lois communes. C'est sous cet angle que nous allons aborder les questions qui viennent d'être évoquées, notamment celle de savoir pourquoi et en quoi la connaissance pourrait être un « poison vital ».

Changement de point de vue donc. Laissons derrière nous Icare, Faust, Adam, Ève et leurs histoires mythiques, et plongeons au cœur de chacun d'entre nous ou plutôt, en l'occurrence, au cœur de nos cerveaux ! C'est en effet ici, sous les parois osseuses protectrices d'un crâne, que se joue notre subjectivité, et donc notre connaissance. Certes, ce cerveau tout seul ne ferait pas grand-chose, mais appartenant à un corps, qui est lui-même inséré dans un tissu social, dépositaire d'une biographie personnelle, tout en étant héritier d'un ensemble de références culturelles, sociales et intellectuelles, il est bel et bien le lieu et l'organe indispensable à cette fonction mentale qu'est la connaissance.

Dans un ouvrage précédent intitulé *Le Nouvel Inconscient*, j'avais déjà exploré la nature de notre subjectivité telle que les neurosciences cognitives, et notamment l'observation de malades victimes de lésions cérébrales, pouvait nous la révéler. Les mécanismes qui y étaient décrits ne sont autres que ceux que nous mettons en œuvre dès lors que nous sommes conscients, et donc notamment lorsque nous faisons acte de connaissance. Par souci de clarté je reprendrai ici certaines des descriptions cliniques les plus saisissantes qui avaient été exposées dans ce précédent ouvrage, dans lequel il apparaissait déjà que nous ne cessons de produire des interprétations du « réel », de ce qui nous arrive, de ce que nous percevons et de ce à quoi nous pensons, y compris quand nous croyons simplement nous livrer à un quelconque exercice « objectif » de connaissance. En effet, l'une des découvertes récentes les plus importantes de la neuropsychologie du point de vue des questions qui nous occupent ici tient à ce que l'on pourrait appeler, avec Nancy Huston, la dimension « fabulatrice » de notre activité mentale.

Fait remarquable pour la question de la connaissance, même lorsque nous pensons accéder en toute « objectivité » à des informations qui existent en dehors de nous, comme le fait d'apprendre que la bataille de Marignan eut lieu en 1515 ou que l'atome d'oxygène contient 8 protons et 8 neutrons, nous continuons là encore à emprunter le chemin de l'interprétation et de la « fictionnalisation » pour construire nos représentations personnelles de ces savoirs.

Ces interprétations sont fictives, c'est-à-dire qu'elles ne sont pas là pour être « vraies » ou « exactes » – ce qu'elles sont parfois d'ailleurs –, mais pour faire sens à nos yeux, et pour satisfaire notre désir de cohérence et d'explication. Nous les forgeons sans cesse, nous les révisons, comme les pages d'un scénario ou d'un roman, et nous leur accordons un certain degré de croyance, voire un degré de croyance certain ! À un instant donné, cette trame narrative, ce roman inachevé de notre vie constitue l'essence de notre subjectivité, l'image de ce que nous croyons être et de notre représentation du monde. Ce processus fictionnel qui caractérise notre fonctionnement mental conscient opère à notre insu. Tel M. Jourdain, nous « fictionnalisons » sans le vouloir et sans le savoir. S'il ne nous est pas totalement impossible de prendre conscience de cette couche de fictions-interprétations-croyances qui, inlassablement, est à l'œuvre dans notre esprit, force est de reconnaître qu'elle demeure le plus souvent bien cachée à notre introspection.

Nous avons du mal à la voir car notre perception consciente ne se divise pas en deux temps : « un, je perçois », « deux, j'interprète », mais nous percevons et interprétons de concert. D'où notre immense difficulté à deviner l'existence d'une couche fictive et interprétative dans notre représentation de l'objet perçu. Ce constat est renforcé par le fait que dans de nombreuses situations, la part de fiction qui participe à notre perception ou à notre pensée est infime, ce qui ne facilite évidemment pas sa reconnaissance. Prenons un exemple : une bouteille d'eau est posée sur une table. Les perceptions conscientes de cette bouteille que vont élaborer trois personnes différentes assises autour de cette table seront si proches l'une de l'autre que leur nature fictionnelle ne s'offrira pas de manière évidente à ces trois compères ni au lecteur de ce livre. Et pourtant, même là, face à cette bouteille posée sur une table, ce que chacun d'entre eux manipule mentalement, c'est effectivement un scénario interprétatif qui assigne une place à la bouteille, en construit une image et la crédite d'une croyance forte. Nous sommes déjà au cœur de la subjectivité. Si, par magie, la bouteille disparaissait subitement de la table, sous les yeux des trois témoins, la part de fiction qui nourrit leurs perceptions conscientes serait plus évidente. Ce qui serait le plus étonnant pour eux, ce qui les stupéfierait en premier lieu, ce ne serait pas nécessairement le fait qu'il n'y ait pas de bouteille ici et maintenant, mais plutôt que la bouteille dont ils avaient pourtant la certitude absolue de la présence il y a un instant – c'est-à-dire un degré de croyance extrême – puisse ne plus être là. En percevant la bouteille, ils croyaient donc bien quelque chose ! Percevoir et croire dans le même temps.

Comment pouvons-nous prendre conscience de l'existence de cette couche de fictions ? Plusieurs voies nous sont ouvertes. La réflexion philosophique peut nous y aider en commençant par distinguer avec Kant le phénomène, c'est-à-dire la chose qui nous apparaît à l'esprit, par rapport à la chose elle-même, le noumène, qui réside dans le monde extérieur et que nous ne manipulons jamais mentalement. Cette voie, qui sera empruntée après Kant par les courants de la phénoménologie, nous permet déjà de nous représenter sous une forme inédite la nature de vie mentale et de notre relation aux objets qui nous entourent. La seconde de ces voies est celle de la neuropsychologie. L'étude de malades neurologiques victimes de lésions cérébrales diverses a joué ici, et continue de jouer, un rôle fondamental. Chez certains de ces patients, nous allons pouvoir observer, souvent sous une forme caricaturale, les œuvres de composition originale de cette couche de fictions-interprétations-croyances. En étudiant comment ces malades élaborent leur « connaissance » à partir des « informations » qui leur sont soumises, nous pourrons prendre pleinement conscience de la distance irréductible qui précisément sépare l'information objective de la connaissance subjective. En effet, nous découvrons que, confrontés à la même information, leur construction consciente se distingue pathologiquement de la nôtre, nous qui ne sommes pas affectés des mêmes lésions cérébrales. Dès lors, nous comprenons facilement que cette couche de fictions existe bel et bien chez eux, puisqu'elle est à l'origine d'interprétations grossièrement erronées. Mais nous pouvons poursuivre d'une étape encore notre raisonnement et constater que cette couche de fictions doit également exister chez nous, puisque nos interprétations, qui se distinguent tant de celles de ces malades, n'en demeurent pas moins elles aussi des interprétations ! Nos interprétations ne sont pas moins fictives du fait que nous en partageons le plus souvent les plus grandes lignes avec nos congénères. Chez un sujet neurologiquement sain, les contraintes que le réel opère sur les mécanismes de construction de ces schémas fictifs ont pour conséquence que ses propres fictions seront très souvent indistinguables, dans leurs grandes lignes, de celles que ses voisins élaborent lorsqu'ils sont soumis à la même situation. La découverte de l'imaginaire qui colore, de manière plus ou moins prononcée, chacune de nos pensées conscientes, c'est cela que ces hommes et ces femmes victimes de lésions cérébrales nous permettent de mettre au jour. La découverte de cette irrépressible activité fictionnelle qui nous caractérise et que nous accréditons avec toute la force du « Je ».

CHAPITRE PREMIER

Neuroscience-fiction

Le point commun aux saynètes neuropsychologiques qui vont suivre peut ainsi s'énoncer : suite à diverses lésions cérébrales qui ont compromis le déroulement habituel de leur vie mentale, tous les malades que nous allons à présent rencontrer doivent affronter des situations très curieuses dans lesquelles leur cerveau-esprit les soumet à des informations inhabituellement contradictoires les unes avec les autres. Plutôt que de s'arrêter à la prise en compte de la nature pathologique de ces informations contradictoires – « C'est absurde ! Il y a un problème ! Je suis malade ! » –, ces malades vont systématiquement utiliser ces ingrédients, *a priori* incompatibles entre eux, pour imaginer une nouvelle fiction riche d'une signification qui, malgré son caractère absolument irréaliste, aura le mérite de satisfaire cet irrépressible besoin de produire un sens que chacun d'entre nous partage avec eux. Nous découvrirons sans peine avec ces malades la nature proprement fictionnelle de ce constituant essentiel de notre activité mentale consciente, parce que ces fictions sont fantastiques, irréalistes et en parfaite contradiction avec la réalité. Ces malades ne peuvent toutefois pas s'empêcher de les produire, sans le savoir, et d'y croire, certains qu'ils sont de leur exactitude et de leur réalité. Les déboires neurologiques qui les affectent les empêchent de mettre au jour « normalement » leurs fictions, et donc elles nous apparaissent à nous, individus indemnes de lésions cérébrales, pour ce qu'elles sont. Nous allons d'une certaine manière découvrir comment ces malades « font connaissance » avec des informations qui leur sont présentées, et comment cette connaissance procède nécessairement de la fiction. La variété des observations qui vont suivre vise à révéler la généralité de cette fonction première de « fictionnalisation », et donc de création de sens et de croyance, dans tous les champs de notre vie mentale : qu'il s'agisse de la perception de nos congénères, de celle de nous-mêmes, du contenu de notre mémoire ou de notre faculté à expliquer – par des fictions – le sens de nos propres actions.

Mais ne nous y trompons pas, ce que ces malades nous révèlent – à travers les pathologies qui perturbent dramatiquement leurs capacités à produire des significations – vaut également pour chacun d'entre nous, sous une forme plus dissimulée, moins évidente à mettre au jour : chacun d'entre nous est un créateur de fictions.

Un sosie qui s'impose !

Lorsque nous percevons le visage d'un être familier, un réseau de régions corticales représente l'identité du visage perçu, tandis qu'un autre réseau en extrait les informations de familiarité. À l'état normal, ces deux réseaux communiquent sans peine par le biais de fibres cérébrales qui les mettent en relation et ils alimentent tous deux le flux de notre conscience sous la forme d'une représentation unitaire indissociable.

Ainsi, lorsque je contemple le visage de mon épouse qui vient d'entrer dans la cuisine pendant le petit déjeuner, les informations d'identité – « c'est le visage de mon épouse » – surgissent à ma conscience en parfaite synchronie avec les informations de familiarité qui éveillent en moi une sensation d'intimité et de reconnaissance immédiate de notre lien affectif et existentiel : « C'est évidemment elle ! » Certains malades perdent cette communication harmonieuse entre ces deux réseaux cérébraux spécialisés. Victimes d'une forme de déconnexion entre ces deux analyseurs cérébraux qui travaillent habituellement de concert, ces malades se retrouvent à devoir gérer dans le flux de leur conscience une discordance qui prend souvent la forme suivante : les informations d'identité sont correctement transmises, tandis que les informations de familiarité ne leur sont pas associées de manière parfaite (Hirstein et Ramachandran, 1997). Autrement dit, un patient souffrant de cette affection se retrouve avec la curieuse impression consciente de percevoir sa femme, sans faire simultanément l'expérience du ressenti de familiarité qui devrait accompagner cette perception.

Que se passe-t-il alors dans le flux de la conscience de ce malade ? Va-t-il procéder à une analyse cartésienne de son vécu : « Tiens, chérie, c'est très curieux, je reconnais ton visage, mais je ressens quelque chose de bizarre, comme une absence du sentiment de familiarité auquel je ne faisais pas spécialement attention jusqu'à présent, mais que je ressentais pourtant chaque fois que je te voyais ! Comme c'est troublant ! » Évidemment non. Ce malade va adopter un autre comportement. Il va imaginer et croire avec une conviction puissante que la personne qui lui fait face, qui ressemble comme deux gouttes d'eau à son épouse, est un sosie, un imposteur qui a emprunté l'apparence physique de sa femme. Cette femme qui lui fait face n'est évidemment pas « elle » !

Cette illusion, ou « délire des sosies », porte le nom de syndrome de Capgras, du nom du psychiatre français qui en avait donné la première description sémiologique en 1926[1]. Nous ne disposons que depuis quelques années de l'explication neuroscientifique de ce curieux phénomène qui avait longtemps été qualifié d'état délirant ou psychotique, sans pouvoir en saisir le mécanisme causal. Ce phénomène est rare, mais point exceptionnel ; il survient dans plusieurs situations lésionnelles, dont certaines formes de maladie d'Alzheimer. Cette perturbation de la communication normale entre les réseaux qui représentent ces deux attributs du visage, son identité et sa familiarité, est parfois fluctuante, comme un court-circuit électrique intermittent. Ainsi, l'une des meilleures solutions pour enclencher une perception correcte chez le malade consiste à sortir, puis à revenir dans la

---

1. Une description plus précise encore du syndrome de Capgras nécessite d'introduire un autre facteur. Ce syndrome est bien plus rare que les lésions cérébrales capables de produire cette déconnexion fonctionnelle entre les réseaux de perception des visages. Sa rareté ferait-elle appel à la personnalité prémorbide du patient, à sa propension interprétative plus ou moins prononcée ? C'est possible, mais plusieurs observations ont permis de remarquer qu'en réalité la plupart des malades souffrant de ce syndrome étaient également porteurs de lésions supplémentaires qui affectaient une autre région du cerveau, et assez souvent le cortex préfrontal droit [Alexander, M. P., Stuss, D. T. *et al* (1979), « Capgras syndrome : A reduplicative phenomenon », *Neurology*, 29 (3), p. 334-339 ; Signer, S. F. (1994), « Localization and lateralization in the delusion of substitution. Capgras symptom and its variants », *Psychopathology*, 27 (3-5), p. 168-176.] Cette conjonction de lésions pourrait rendre compte plus facilement de la rareté de ce tableau clinique. Quel serait alors le rôle de cette lésion supplémentaire ? Selon un modèle assez réaliste, il existerait une asymétrie fonctionnelle entre certaines régions préfrontales droites et leurs homologues gauches. Ces dernières joueraient un rôle de générateur de scénarios explicatifs de la causalité du monde et de nous-mêmes, tandis que les régions droites auraient un rôle d'évaluation de la plausibilité de ces hypothétiques constructions interprétatives. Ainsi, chez un malade souffrant d'une déconnexion entre l'analyse de l'identité d'un visage et les émotions qui lui sont associées, la présence d'une autre lésion dans le cortex préfrontal droit aurait pour conséquence de ne pas invalider certains scénarios loufoques produits par le cortex préfrontal gauche afin de donner sens à cette situation très inhabituelle. Ainsi naîtrait le délire du sosie !

pièce qu'il occupe, en espérant que, cette fois-ci, la perception de l'identité et de la familiarité fonctionnera correctement et qu'il ne reproduira pas son « délire du sosie ». C'est ainsi que les témoignages des conjoints, ou l'observation de ces malades en consultation ou durant leur hospitalisation, produit ces scènes de la vie quotidienne qui font naître irrésistiblement un sentiment de comique un peu grotesque qui n'est parfois pas loin d'évoquer certaines pièces de théâtre de boulevard : « Ah ! Chérie, te voilà ! Sais-tu que je viens de passer cinq minutes avec une autre femme qui prétendait être toi mais qui n'était qu'une menteuse, un imposteur ? »

Parfois, ces scènes de la vie quotidienne du syndrome de Capgras résonnent dans un registre franchement tragique. Plusieurs observations d'agressions, voire de meurtres de conjoints identifiés, à tort, comme des sosies qui les persécutaient ont été rapportées dans la littérature neurologique et psychiatrique. J'ai également en tête l'incroyable histoire, rapportée par un confrère, d'une femme de malade qui était en proie à un dilemme conjugal complexe : son mari, victime d'un syndrome de Capgras l'identifiait parfois comme une sosie, c'est-à-dire comme une femme qui n'était pas la sienne malgré les apparences, et ne cessait de lui faire des avances sexuelles explicites. Autrement dit, ce malade cherchait à tromper sa femme avec elle-même ! Que devait-elle faire, accepter les avances infidèles de son mari, ou refuser d'être la maîtresse de son propre époux ? Vertige des fictions que nos esprits ne cessent de produire. Le syndrome de Capgras illustre à sa façon la distinction qui nous paraît fondamentale entre l'information et la connaissance. Présenter un visage humain à un sujet n'est pas une simple transmission d'informations, mais correspond à une élaboration subjective qui utilise le socle fictif et interprétatif du sujet qui perçoit, et son système de croyances. La connaissance que le malade élabore ici à partir des informations présentes sur le visage qui lui fait face est irréductible à ces dernières. La nature même de cette connaissance, ici pathologique, donne sa description au phénomène clinique du syndrome de Capgras. Nous ne voyons, pour notre part, pas de sosie dans le visage de notre femme ou de notre mari, mais cela n'est pas le point pertinent. Ce que nous révèle ce tableau clinique, c'est que la simple présentation d'un visage participe au flux ininterrompu des informations qui alimentent nos mécanismes interprétatifs et de fiction. Simplement, lorsque ces processus ne conduisent pas à la conviction inébranlable et délirante du sosie, il est plus difficile de deviner leur présence.

Un homme à trois mains ?
Pourquoi pas !

D'autres malades, plus nombreux que ceux qui souffrent du syndrome de Capgras, sont atteints d'un curieux syndrome neuropsychologique qualifié d'héminégligence ou négligence gauche, consécutif à une lésion du lobe pariétal droit. Dans *Le Nouvel Inconscient*, je décrivais le phénomène manifesté par certains de ces malades négligents et qui nous intéressera ici : les patients n'ont malheureusement plus conscience de la moitié gauche de l'univers, y compris parfois de la moitié gauche de leur propre corps (asomatognosie), qui peut par ailleurs être paralysée du fait de lésions des aires cérébrales motrices, voisines du lobe pariétal. Ces malades qui n'ont pas conscience de leur paralysie (anosognosie), et qui ne reconnaissent pas comme leur la moitié gauche de leur corps se livrent parfois à de spectaculaires discours confabulatoires[1] lorsqu'ils sont confrontés à leur hémiplégie par le médecin qui les examine[2]. Si l'on présente par exemple sa propre main gauche paralysée à un tel malade en la déplaçant dans son champ visuel, il ne la reconnaîtra pas comme sienne et pourra affirmer posséder une main gauche indemne. Plus étonnant encore, ce patient pourra répondre à l'examinateur qui l'interroge sur l'identité du propriétaire de cette main gauche paralysée que ce dernier lui présente en la tenant de ses deux mains : « Vous avez peut-être trois mains, en tout cas, ce n'est pas la mienne ! » Le patient perçoit sa main gauche, mais son asomatognosie l'empêche de l'identifier comme sienne. Plutôt que de dresser un état objectif de la situation à partir des données du réel, qu'il sait recueillir, ce patient intègre immédiatement ces données dans une fiction-interprétation-croyance singulière.

La puissance de la fiction structure la conscience et lui impose son contenu, avec une puissance qui n'hésite pas à faire vaciller certaines représentations qui paraissent pourtant inébranlables : préférer déduire qu'un homme à trois mains a plus de chances d'exister que la possibilité que cette main froide et paralysée soit la sienne. J'aimerais signaler qu'il ne s'agit pas ici d'un phénomène lié à une réaction de défense face à l'autorité de l'expérimentateur ou du clinicien. Ce phénomène se joue de manière assez indépendante de l'observateur qui ne vient ici que révéler une croyance fermement établie chez le malade négligent. Ce que le malade négligent nous répond est incroyable, tout du moins

---

1. La distinction sémantique éventuelle entre les termes d'affabulation et de confabulation (néologisme utilisé en neuropsychologie) m'est inconnue.
2. On pourra consulter le passage de mon essai *Le Nouvel Inconscient* (Odile Jacob, 2006 ; « Poches Odile Jacob », 2009) qui décrit ce tableau clinique : p. 386-388.

incroyable à nos yeux, nous qui croyons autre chose, qui croyons que cette main est nécessairement la sienne. À partir du même jeu d'informations, deux discours diamétralement opposés sont formulés et crus. La question qui devient alors la plus pertinente n'est plus tant de savoir laquelle de ces deux interprétations est la plus correcte, mais plutôt pourquoi la même situation peut-elle donner lieu à deux croyances si distinctes. Tout simplement parce que la connaissance que nous allons élaborer à partir de ce jeu d'informations met en œuvre notre propre système de fictions-interprétations-croyances. Lui et moi ne cessons d'interpréter, de fictionnaliser et de croire. Simplement, là encore, cette couche de fiction est plus aisément visible, plus caricaturale chez le malade négligent, et donc plus facile à identifier que chez un individu en bonne santé neurologique.

Oublier, c'est aussi confabuler !

Dans l'amnésie de Korsakov, observée notamment, mais pas exclusivement, dans certaines complications cérébrales de l'alcoolisme chronique, on rencontre très souvent un phénomène tout aussi spectaculaire. Ces patients souffrent, dans les formes les plus sévères, d'un véritable « oubli à mesure » qui les rend incapables de créer le moindre souvenir conscient alors que la plupart des autres fonctions cognitives sont respectées. À titre d'exemple, lorsque vous entrez dans la chambre d'hôpital d'un tel patient puis que vous en ressortez, il ne conservera aucun souvenir conscient de votre passage[1].

---

1. On pourra consulter le passage correspondant à ce tableau dans *Le Nouvel Inconscient, op. cit.*, p. 388-389.

Ainsi, chaque fois que vous entrez dans sa chambre, il vous recevra comme s'il s'agissait de votre première visite.

Ces patients n'ont pas conscience de leur amnésie, et lorsque vous les interrogez sur les événements récents de leur existence, ils présentent très souvent un discours confabulatoire qui nous révèle, là encore, l'activité irrépressible de notre système de fictions-interprétations-croyances. Le contenu de ces confabulations est souvent très réaliste et correspond au télescopage de bribes de souvenirs anciens avec des éléments qui leur sont associés dans le contexte immédiat du malade. Ils ne mentent pas, et ne se moquent pas non plus de leurs médecins ou de leurs interlocuteurs. Ces patients produisent un discours fictif auquel ils adhèrent. Armin Schnider a étudié le mécanisme de certaines de ces confabulations par télescopage, et a élaboré une situation expérimentale qui permet d'ailleurs d'en induire même chez le sujet sain indemne de toute lésion cérébrale. Ce neurologue suisse et ses collègues ont ainsi imaginé un test au cours duquel un sujet est exposé à plusieurs contextes temporels successifs, qu'on lui demande de bien distinguer les uns des autres. Dans un premier temps, on présente au sujet une série d'images. Certaines images apparaissent à plusieurs reprises dans cette série avec un intervalle aléatoire, et le sujet doit simplement détecter l'occurrence de chacune de ces répétitions, en appuyant sur un bouton réponse quand il estime avoir déjà vu la même image au cours de cette série. Lorsque ce premier bloc est terminé, une pause est proposée au sujet et, après un délai de plusieurs minutes, il est invité à se livrer à nouveau au même exercice sur une nouvelle série d'images. Tout au long de l'expérience, les expérimentateurs n'ont de cesse de rappeler au sujet que ce que l'on définit comme étant une répétition est la répétition d'une image au cours du bloc expérimental en cours. Et ainsi de suite au fil de plusieurs blocs successifs. Toute l'astuce consiste à présenter parfois au sujet une image qui apparaît pour la première fois dans le bloc en cours (par exemple, au cours du troisième bloc), mais qui a déjà été présentée au cours d'un des blocs précédents (par exemple, au cours du premier bloc). Dans une telle situation, les patients amnésiques qui ont une tendance à confabuler se mettent à confabuler expérimentalement de manière très nette : tout amnésiques qu'ils sont, ils répondent, à tort, que telle image a été répétée au cours du bloc expérimental en cours, alors qu'elle leur avait été présentée lors de l'un des blocs précédents. Ces mini-confabulations provoquées de manière reproductible sont également inductibles chez le sujet neurologiquement sain, de manière évidemment beaucoup plus discrète, mais néanmoins significative. Lors de ces minipannes de la mémoire, tels les patients confabulateurs, nous nous mélangeons les pinceaux des souvenirs, et nous sommes alors prêts à croire, et parfois même à justifier avec force la réalité de ces souvenirs inexacts. Dans un champ très proche, Elizabeth Loftus a remarquablement exploré les mécanismes qui sous-tendent la genèse de faux souvenirs – faux souvenirs dont les conséquences peuvent être parfois dramatiques, en particulier dans des contextes judiciaires. Dans toutes ces situations, nous fabriquons des scénarios fictifs que nous accréditons de toute notre bonne foi. La nature fictionnelle de nos constructions conscientes est ici aisée à reconnaître parce que dans tous ces exemples de « faux souvenir », ces fictions sont fausses. Mais il serait absurde de s'arrêter en chemin. S'il est facile de reconnaître une fiction lorsqu'elle est fausse, elle ne change pour autant pas de nature lorsqu'elle est exacte : nous donnons sens aux choses qui affectent notre esprit, nous les interprétons, nous les accréditons et nous y croyons. Ce n'est pas parce que nos croyances épousent parfois les contours du réel et s'approchent de la réalité objective qu'elles cessent d'être ce qu'elles sont avant tout : des croyances, produits de notre pensée consciente.

Quand j'explique avec assurance les raisons de ce que j'ignore absolument !

La démonstration clinique à mon sens la plus forte du caractère fictionnel de notre réalité psychique provient des travaux que Sperry et Gazzaniga ont initiés dès la fin des années 1970 en étudiant des malades neurologiques souffrant d'épilepsie sévère dont les deux hémisphères ont été anatomiquement séparés du fait d'une section chirurgicale des voies nerveuses qui les font normalement communiquer[1]. Chez de tels malades au « cerveau divisé » ou *split brain*, le corps calleux – le nom de cette structure de projection des fibres blanches qui unit nos deux hémisphères cérébraux – a été sectionné par un neurochirurgien dans l'objectif de réduire le retentissement de leurs crises d'épilepsie quotidiennes. Une crise d'épilepsie correspond à une décharge neuronale synchrone pathologique qui perturbe le fonctionnement du cerveau, et par conséquent le cours de la pensée et du comportement. Lorsque l'ensemble du cerveau est le siège d'une telle « décharge électrique », le malade perd connaissance et présente souvent des convulsions des quatre membres. Parfois, une crise d'épilepsie commence par apparaître dans une petite région ou un petit réseau cor-

---

1. On pourra consulter le passage de mon essai *Le Nouvel Inconscient*, *op. cit.*, qui décrit ce tableau clinique p. 380-386.

tical localisé, puis s'étend de proche en proche pour embraser dans un second temps l'activité globale du cerveau. Grâce à la section du corps calleux, on peut ainsi interdire cette généralisation des crises d'épilepsie à début focalisé, en détruisant le lien anatomique principal qui unit les deux hémisphères. Une fois opéré, un tel malade peut encore être sujet à des crises d'épilepsie partielles, mais leur propagation au reste du cerveau et la perte de connaissance[1] qui s'ensuit devient impossible. Cette technique chirurgicale est aujourd'hui exceptionnellement réalisée du fait des progrès thérapeutiques pharmacologiques et chirurgicaux de l'épilepsie, mais aussi en raison de la mise en évidence des conséquences cognitives non négligeables d'une déconnexion entre nos deux hémisphères.

En étudiant de tels malades, Sperry, récompensé pour cela en 1981 par le prix Nobel de médecine[2], et Gazzaniga ont ainsi considérablement précisé ce que l'on appelle la spécialisation hémisphérique, c'est-à-dire les contributions respectives de nos deux hémisphères dans nos diverses facultés mentales, comme le langage. Au passage, ils ont aussi démontré que l'hémisphère droit, longtemps qualifié à tort d'« hémisphère mineur » du fait de la spécialisation de l'hémisphère gauche pour la compréhension et la production du langage parlé, était loin d'être stupide ! En réalité, chacun des deux hémisphères de ces malades dispose d'un fonctionnement conscient. Chez le sujet sain, la communica-

---

1. Perdre connaissance ! Que perd-on en « perdant connaissance », sinon la condition indispensable à l'élaboration de toute connaissance, c'est-à-dire non pas le transfert d'informations depuis l'extérieur vers notre cerveau-esprit qui demeure encore possible, mais l'interprétation consciente de ce flux d'informations qui exige précisément d'être conscient ?
2. On peut consulter sa remarquable conférence donnée lors de la remise de son prix Nobel le 8 décembre 1981 sur le site suivant : http://nobelprize.org/nobel_prizes/medicine/laureates/1981/sperry-lecture.html

tion permanente entre nos deux hémisphères s'accompagne d'un contenu conscient unifié, deux hémisphères réunis pour une seule conscience. Chez les malades de Sperry et Gazzaniga, la section du corps calleux a brisé l'unité de leur pensée, ils ont deux esprits conscients sous un seul crâne ! Deux hémisphères conscients qui ne peuvent communiquer ensemble, et dont un seul des deux (en règle générale, l'hémisphère gauche) contrôle l'appareil du langage et est donc seul capable de tenir une conversation. L'un des symptômes les plus marquants de cette condition neurologique porte le nom barbare d'« apraxie diagonistique ». Ce dont il s'agit en réalité, c'est que l'on observe parfois l'exécution par ces patients de deux plans d'action totalement contradictoires : le malade ouvre la porte de son réfrigérateur d'une main (pilotée par l'hémisphère situé du côté opposé), tandis que l'autre la referme violemment ; de la main droite (pilotée par l'hémisphère gauche), le malade construit un édifice avec des cubes, alors que sa main gauche (pilotée par l'hémisphère droit) utilise les mêmes cubes pour bâtir une construction différente. Deux plans d'actions intentionnels sont en compétition chez un même individu.

Gazzaniga s'est intéressé à cette condition neurologique exceptionnelle, afin de révéler le rôle fondamental des mécanismes d'interprétation fictionnelle dans notre fonctionnement conscient. Plus spécifiquement, il a élaboré de nombreuses situations expérimentales dans lesquelles il demandait à l'un des deux hémisphères seulement de réaliser un comportement précis, puis demandait ensuite à l'autre hémisphère l'explication de ce comportement dont il ignorait l'origine véritable. Dans toute une série d'expériences neuropsychologiques, Gazzaniga a fait cette stupéfiante découverte : lorsque l'on soumet ainsi l'hémisphère interrogé à d'insolubles énigmes, ce dernier répond très souvent en inventant une explication imaginaire et fictive, en l'occurrence fausse, à laquelle il croit en toute en bonne foi (Gazzaniga, LeDoux et Wilson, 1977) ! Dans l'une de ses observations les plus saisissantes, Gazzaniga demande à l'un de ces malades de fixer un écran situé droit devant lui. Soudain, sans en avoir averti le patient, un verbe apparaît quelques dixièmes de seconde à la gauche de l'écran : *WALK* (« marchez »). Cet ordre verbal présenté dans le champ visuel gauche du patient n'est reçu que par les régions visuelles de son hémisphère droit du fait de l'organisation anatomique croisée des voies visuelles. Autrement dit, l'hémisphère gauche n'a pas reçu cette consigne. L'hémisphère droit est capable de comprendre, sans pouvoir le lire à voix haute, cet ordre qui tenait en un seul mot. Gazzaniga reste silencieux. Le patient se lève et se met à marcher vers la porte de la pièce. Arrivé au pas de la porte, Gazzaniga l'interpelle soudain, et lui demande : « Où allez-vous ? » Il faut bien réaliser que la réponse verbale que le malade va alors formuler n'est que celle de son hémisphère gauche, celui qui a le contrôle du langage parlé. Nous allons donc avoir accès à l'opinion de cet hémisphère gauche sur le comportement du corps auquel il appartient. Cet hémisphère gauche ignore ce que sait et ce qu'a ordonné l'hémisphère droit. Va-t-il adopter une attitude cartésienne et rationnelle et tenir un discours tel que : « À vrai dire, je ne sais pas, je constate simplement que je ne connais pas l'origine de ce comportement... » ? Loin de là ! Le patient répond du tac au tac : « Je vais à la maison chercher un jus de fruits. » Au-delà du cadre « autoritaire » de l'expérimentation, au-delà de la question inductrice d'une réponse, au-delà de l'histoire individuelle du malade qui peut sans doute contribuer au choix de cette réponse précise parmi un immense répertoire de réponses possibles, il faut bien réaliser que ce qui est ici stupéfiant, c'est que le malade produise une explication, une signification, et qu'il y croie avec une conviction assez forte. Plutôt qu'un regard lucide porté sur une question dont il ignore la réponse « objective » – « Je n'en ai pas la moindre idée ! » –, le malade étudié par Gazzaniga produit un sens fictif à ce qui lui arrive.

Dans une autre de leurs astucieuses expériences, Gazzaniga et ses collègues présentent à un malade *split brain* deux images simultanément, l'une à sa gauche qui n'est perçue que par son hémisphère droit, et l'autre à sa droite perçue uniquement par son hémisphère gauche.

Le malade reçoit pour consigne d'associer chacune des images perçues avec le dessin qui lui correspond parmi un choix de cartes dont certaines sont disposées à côté de sa main gauche et d'autres près de sa main droite. Chaque hémisphère comprend l'instruction et pilote la main qui lui correspond pour répondre à ce test d'association visuelle. À un moment de l'expérience, une image de paysage enneigé est présentée dans le champ visuel gauche du malade, tandis que l'image d'une patte griffue d'un volatile apparaît dans son champ visuel droit. L'hémisphère droit a donc reçu le paysage enneigé, et le gauche la patte de volatile. Rapidement, l'hémisphère droit choisit parmi les choix proposés le dessin d'une pelle à neige et la main gauche du malade désigne ce dessin. Parallèlement, l'hémisphère gauche qui a vu la patte fait le choix d'un dessin qui représente une tête de poulet. À ce moment-là, les expérimentateurs demandent au patient de justifier ses choix. Tout comme dans l'exemple précédent, il faut garder en tête que lorsque ce patient s'exprime par le biais du langage parlé, nous ne recevons en réalité que les propos de son hémisphère gauche, celui qui contrôle la parole. Dans le cas présent, cet hémisphère gauche a vu la patte et a choisi le dessin de tête de poulet. Il n'a donc aucune difficulté pour répondre qu'évidemment la tête de poulet est associée à l'image de patte de volatile qu'il a perçue. En revanche, comment cet hémisphère gauche va-t-il justifier le choix par la main gauche du dessin de pelle à neige, alors qu'il ignore qu'il s'agit là d'un choix de l'hémisphère droit en réponse à l'image de paysage enneigé que lui seul a vue ? « Oh, c'est facile. La griffe de poulet va avec le poulet, et il faut une pelle pour nettoyer le poulailler ! » L'hémisphère gauche du patient n'a pas besoin de la « neige » – la case manquante pourtant nécessaire à l'explication du choix de sa main droite – pour imaginer une explication causale, et ainsi produire une signification à ce comportement dont il ignore les véritables motifs.

Nous découvrons ainsi chez ces patients au cerveau divisé que leur hémisphère gauche, doté des facultés du langage, ne cesse d'élaborer consciemment des scénarios qui donnent sens au réel. Cette « réalité psychique » nous apparaît – une fois encore – en pleine lumière du fait de sa discordance manifeste avec la réalité objective : ce qui fait véritablement sens pour le patient, c'est une construction mentale fictive.

Quand j'explique avec assurance les raisons qui m'ont conduit à prendre la décision opposée à celle que j'ai prise

Je l'ai déjà mentionné, et c'est à dessein que je me répète : en neurosciences cognitives, l'observation des malades est véritablement un « accélérateur de l'Histoire », en ce sens qu'ils nous mettent souvent sous les yeux, de manière caricaturale, une propriété fondamentale de l'esprit que nous aurions eu sinon bien du mal à découvrir ou à imaginer sans eux, et qui s'applique en réalité à chacun d'entre nous, au-delà des cadres spectaculaires de la pathologie neurologique ou psychiatrique. Il existe donc un mouvement permanent de va-et-vient entre les malades et les sujets sains que nous sommes encore, et, à travers ce mouvement, il me semble exister une forme d'humanisme fondé précisément sur ces liens qui rapprochent l'homme malade de ceux qui ne le sont pas. Ce que nous ont appris les patients *split brain* vaut pour chacun d'entre nous. Une équipe de psychologues suédois dirigée par Petter Johansson a récemment fourni une magistrale démonstration expérimentale de la dimension interprétatrice et fabulatrice de notre conscience. À chaque essai, deux photographies de visages féminins sont présentées par l'un des expérimentateurs à un sujet de sexe masculin, puis ces photographies sont retournées face contre la table. Le sujet testé doit alors désigner du doigt la photographie de la fille qui lui paraît être la plus séduisante. L'expérimentateur retourne alors la carte choisie par le sujet, et lui demande d'expliquer son choix, la photographie sous les yeux. Des essais comparables se succèdent ainsi par dizaines, jusqu'à ce que survienne l'essai critique : l'expérimentateur – prestidigitateur patenté – se livre alors à un petit tour de passe-passe. À l'insu total du sujet testé, alors que ce dernier vient de désigner celle des deux photos qui l'attire le plus, l'expérimentateur approche sa main de la photographie de l'heureuse élue, et glisse subrepticement de sa manche la photo de la fille non choisie tout en demandant au sujet d'expliquer pourquoi il a préféré cette fille. Autrement dit, alors que le sujet vient de choisir la carte de la fille A, on lui présente la photo de la fille B en lui demandant d'expliquer son choix. De manière assez surprenante, dans la grande majorité des cas, le sujet testé s'évertue alors à expliquer ce qui l'a conduit à choisir l'inverse de ce qu'il a effectivement choisi ! La lecture des réponses des sujets est croustillante de fabulations et de reconstructions. Ce résultat remarquable ne s'explique pas par un simple effet de soumission à l'autorité de l'expérimentateur ni par un problème trivial de mémoire ou de motivation. Simplement, à travers ce contexte ingénieux, ils ont réussi à débusquer une nouvelle manifestation de la machine à interpréter, à croire et à fabuler qui caractérise notre activité mentale consciente. Sommes-nous si loin des contorsions de l'hémisphère gauche du patient de Gazzaniga qui cherchait à expliquer un choix dont il se croyait maître et qui, non seulement n'était absolument pas le sien (mais celui de l'hémisphère droit), mais dont il ignorait également les véritables ressorts ?

L'histoire, à nulle autre pareille,
de monsieur G.

J'aimerais terminer cette incursion neuropsychologique par l'histoire d'un malade que j'ai examiné il y a deux ans, en compagnie de mes amis et collègues Laurent Cohen et Caroline Papeix. M. G. est un homme intelligent, un entrepreneur de haut niveau socioculturel. Il dirige une compagnie commerciale à l'étranger. Sa vie est pleine de voyages et d'expériences commerciales pittoresques. Dans l'un de ces épisodes qui nous sera raconté par son épouse, M. G. voyageait dans un train d'Amérique du Sud avec un collègue de travail. Le train s'arrête, M. G. et son partenaire n'ont que peu de temps pour sortir de leur wagon. Soudain, d'un geste brusque et violent, son ami se bloque l'annulaire gauche dans l'extrémité d'un clou qui dépassait du wagon, et qui retenait son alliance. Trop tard, la chair de l'annulaire de son ami se retourne entièrement en un instant. Elle flotte, suspendue au vieux clou rouillé. Souvenir horrible. M. G. en a le cœur retourné. Depuis, il a souvent raconté ce récit à ses proches. Les années ont passé. Quelques mois avant ma rencontre avec lui, M. G. est malheureusement victime d'une hémorragie cérébrale. Il tombe dans le coma. Pris en charge en urgence sur le lieu de son accident cérébral, les complications se succèdent et M. G. doit subir plusieurs interventions neurochirurgicales. La portion antérieure du corps calleux de M. G. sera sévèrement endommagée lors de l'une de ces interventions. Désormais, ses deux hémisphères cérébraux communiqueront mal. Son bras droit sera également totalement paralysé du fait de la pose d'un cathéter veineux qui détruira un centre de passage nerveux majeur du membre supérieur situé donc en dehors de son cerveau, le plexus brachial. Au terme de plusieurs semaines, M. G. sort de son coma. Il séjourne en rééducation, puis est transféré plusieurs mois plus tard à la Salpêtrière afin qu'y soient évalués ses divers problèmes neurologiques. Les choses suivent leur cours, les examens de routine et l'évaluation neurologique de M. G. se déroulent sans embûches. Sauf que. Sauf que M. G. n'accorde pas sa confiance au premier venu. Après plusieurs jours, nous entrons dans le cercle de ses confidents[1]. « Vous savez, docteur, ce bras droit qui ne bouge pas du tout, ce bras paralysé... [silence] en fait, ce n'est pas vraiment mon bras, je dois vous le dire. Je sais que vous allez trouver ça totalement fou, mais c'est vrai. » M. G. lit bien, calcule correctement, comprend et utilise le langage presque normalement. M. G. a un excellent sens critique. Il répond facilement et en souriant aux histoires absurdes que nous utilisons habituellement comme par exemple celle des

---

1. Les propos de M. G. ici rapportés sont extraits de la vidéo enregistrée lors de l'un de nos entretiens avec lui, de nos notes manuscrites, ainsi que de nos souvenirs.

« Voyages de Charcot » : vous racontez au patient qu'un navigateur célèbre de la première moitié du XXe siècle, le commandant Charcot, a conduit trois expéditions polaires sur son navire le fameux *Pourquoi pas ?*. « Trois expéditions », répétez-vous au malade sans hésiter à vous aider d'un geste de la main lui indiquant le chiffre trois. « Malheureusement, son navire a sombré lors de l'une de ses trois expéditions ! Laquelle ? » Pris sur le vif de votre question, le patient qui commence à douter, à hésiter, à se perdre dans des détails non pertinents ou à se réfugier derrière son ignorance historique saura retenir votre attention. Cette histoire de Charcot – qui était en réalité le fils du grand neurologue Jean-Martin Charcot et lui-même neurologue – fait ainsi office de petite sonde du sens logique des patients. À ce genre d'historiettes de débrouillage, M. G. vous répond rapidement : « Au troisième et dernier voyage évidemment ! », en vous gratifiant d'un petit sourire complice. M. G. est un homme rationnel, on ne lui raconte pas d'histoires. Pourtant lui si, il nous en raconte même une assez incroyable, d'histoire : « Ce bras droit, ce n'est pas mon bras. » Mais alors quoi, qu'est-ce que c'est ? « C'est un bras bien sûr, mais pas le mien. » D'où vient-il ? M. G. vous confie alors en vous regardant posément : « Je me promenais à Montréal » — oui, à Montréal, car je ne vous l'avais pas encore révélé, mais M. G. nous raconte deux histoires incroyables, celles de son bras, mais aussi celle du lieu où il réside. « Nous sommes à Montréal. J'ai bien noté que sur les draps de ma chambre, il y avait écrit Assistance publique Hôpitaux de Paris, mais c'est celle de Montréal, l'Assistance publique des Hôpitaux de Paris de Montréal. » Bref, nous sommes à Montréal, « et il y a quelques jours, je me promenais en ville, tout seul, et je suis tombé sur une boucherie. Là, il y avait un bras droit qui pendait à un crochet de boucherie. Ça m'a étonné, alors je l'ai acheté et je l'ai emmené. Depuis, je ne le retrouve pas. En fait, je sais qu'on me l'a greffé à la place de mon bras droit. C'est fou, mais c'est vrai. La seule chose qui m'étonne un peu, c'est que je ne vois pas de traces de la couture qu'ils ont bien dû faire pour le fixer sur moi. Aucune trace de suture, c'est bizarre. » Voilà, M. G. nous a fait confiance et nous a raconté certaines des réalités mentales qui peuplent le flux de sa conscience. Que se passe-t-il chez M. G. ? À l'aide d'un examen en IRM fonctionnelle, nous avons pu observer que M. G. semble avoir une latéralisation droite du langage, c'est-à-dire que lorsqu'il produit ou comprend du langage, il utilise pour cela son hémisphère droit, contrairement à la majorité des humains. Lorsque M. G. nous raconte ses scénarios fictifs, il le fait probablement avec cet hémisphère droit qui maîtrise chez lui le langage. Son corps calleux est très endommagé, autrement dit son hémisphère droit n'a pas accès aux informations relatives à son bras droit qui sont codées dans son hémisphère gauche. L'hémisphère droit de M. G. reçoit bien l'image visuelle de ce bras droit paralysé, mais la représentation mentale de son schéma corporel est perturbée par l'absence de communication entre ses deux hémisphères. Probablement en proie à l'une de ces anomalies de communication cérébrale que nous avons déjà rencontrées dans le syndrome de Capgras ou dans le déjà-vu, M. G. doit broder sa représentation de lui-même avec ces pièces incomplètes et brouillées. Quel usage en fait-il ? Sa machine à produire du sens fait ce qu'elle peut. Le bras droit qui est relié à son torse n'est pas le sien. Télescopage des souvenirs et des identités ? La proximité entre son souvenir traumatisant du doigt éversé de son collègue qui pendait au bout d'un clou et son scénario de bras qui pendait au crochet de boucherie est troublante. Par une surprenante coïncidence qui a su alimenter mes propres fictions, je découvrais le récit talmudique des chairs de Rabbi Akiva qui pendaient aux crochets de boucherie du *Fleischmarket* la semaine qui suivit ma rencontre avec M. G. L'histoire de M. G. ne nous révéla pas tous ses secrets neurologiques. Nous ne nous efforçâmes d'ailleurs pas de les lui arracher. Simplement, son histoire illustre elle aussi la place de nos représentations mentales fictives dans le processus de construction d'un récit de nous-mêmes et du sens de notre existence.

Nous interprétons et nous croyons, donc nous sommes

Ce que nous venons de découvrir avec ces malades neurologiques s'applique en réalité également à notre propre mode de fonctionnement mental. L'aspect par lequel nous différons des patients neurologiques que nous venons de décrire ne réside donc pas tant dans cette faculté mentale d'interprétation consciente que nous partageons intégralement avec eux, mais plutôt dans la capacité à incorporer les autres données du monde réel et à les utiliser pour corriger sans cesse ces scénarios mentaux. Là où les malades neurologiques échouent, pour diverses raisons, à utiliser ces informations supplémentaires pour réviser leurs constructions conscientes, nous parvenons quant à nous sans peine à mettre au jour nos fictions, afin qu'elles épousent au mieux les contours du réel. C'est pour cette raison qu'il nous est plus difficile de réaliser le caractère fictionnel de ces constructions conscientes. Autrement dit, il est parfois difficile de mettre au jour la part d'interprétation, qui est, je crois, toujours présente au sein de nos pensées conscientes, lorsque la distance qui les sépare du réel semble infime. Lorsque cette distance est plus lâche, le statut de fiction-croyance de certaines de nos pensées est plus facile à percevoir. D'une certaine manière, lorsque nous exposons nos croyances religieuses, mystiques, mais également de nombreuses croyances sociales et interpersonnelles, nous ressemblons davantage à ces patients neurologiques qui déploient leurs interprétations à l'abri de pans entiers de la réalité dont ils ne tiennent pas compte. Dans ces différentes situations, nous élaborons des interprétations de l'univers qui lui apportent de la causalité, nous croyons à ces interprétations et la réalité extérieure ne nous envoie pas d'informations décisives qui permettent de valider ou d'invalider ces interprétations. Que se passe-t-il alors ? Plutôt que de douter, ou de nuancer nos opinions, nous continuons à accorder une croyance, souvent forte, à ces interprétations que rien ne vient contredire de manière irrévocable. Les malades neuropsychologiques nous ont aidés à mettre au jour une dimension de notre condition humaine, celle qui fait de nous des êtres qui ont recours à la fiction, à l'interprétation et à la croyance de manière irrépressible. Cette dimension est pourtant sous nos yeux, dans les sous-entendus de notre vocabulaire le plus courant. Considérons par exemple cette exclamation commune : « Quelque chose d'incroyable vient de se produire ! » Que signifie-t-elle, sinon qu'il vient de se produire une chose à laquelle il nous est difficile de croire ? Mais qui donc nous demande de croire aux choses que l'on pense ou que l'on vit ? Pourquoi s'étonner ou même simplement remarquer que quelque chose est « incroyable », et créer un adjectif pour qualifier ce singulier état ? Peut-être parce que nous ne faisons précisément pas grand-chose d'autre que de nous évertuer à produire du sens auquel nous parvenons à croire, et ainsi réussissons-nous à exister !

Et pourquoi tout cela nous intéresse-t-il lorsque nous réfléchissons à la connaissance ? Parce que la connaissance implique le sujet, parce qu'elle implique chacun des sujets que nous sommes. Ce détour neurologique nous permet ainsi d'accéder à l'un des rouages essentiels de notre humaine condition : nous sommes des êtres pétris de fictions et de croyances. Aussitôt que nous prenons conscience d'une information, quelle qu'elle soit, autrement dit que nous faisons connaissance avec elle et prenons connaissance d'elle, nous l'interprétons et nous l'incorporons dans ces constructions fictionnelles, et cela de manière irrépressible. Les philosophies de Kant et Husserl nous avaient déjà appris qu'entre le monde extérieur et notre conscience siégeait la couche des représentations : nous prenons conscience des représentations que notre esprit-cerveau construit à partir des informations auxquelles il est confronté[1]. À ce schéma fondateur, les neurosciences cognitives nous ont permis d'ajouter le principe général suivant : l'étape de la prise de conscience n'est pas un accès pur et direct « à la chose » en elle-même, puisque toute prise de conscience incorpore nécessairement et systématiquement une épaisseur interprétative. Autrement dit, lorsque nous réfléchissons à la connaissance, et au sujet qui en est l'acteur, il devient absolument indispensable de prendre en compte cette dimension de la fiction dans laquelle s'enracine notre subjectivité. Pas de connaissance sans sujet, et donc pas de connaissance sans système de fictions-interprétations-croyances !

---

1. Cette première étape de la construction d'une représentation opère très souvent de manière non consciente, et la prise de conscience correspond en règle générale à un second temps de la représentation. Par exemple, dans le domaine de la perception visuelle, notre cerveau-esprit élabore en environ 2 dixièmes de seconde un riche ensemble de représentations mentales perceptives non conscientes et évanescentes, et ce n'est qu'à partir de 2 à 3 dixièmes de seconde que la prise de conscience de certaines de ces représentations débute. On pourra consulter à ce sujet mon essai précédent intitulé : *Le Nouvel Inconscient, op. cit.*

CHAPITRE 2

Au sujet de la connaissance

Il est sans doute temps à présent d'oser une définition très générale de la connaissance, à la lumière de ce que nous venons d'établir à l'aide des neurosciences de l'esprit du sujet sain et de l'homme malade.

L'acte de connaître implique un sujet connaissant et un objet de connaissance. Le sujet fait connaissance de l'objet visé à travers une saisie d'informations extraites dudit objet. Une fois saisies, ces informations propres à l'objet sont assimilées par le sujet qui en construit une représentation. La connaissance appartient donc à la classe des phénomènes, qui relient un sujet et un objet à travers une relation intentionnelle au sens phénoménologique : la connaissance est toujours connaissance de quelque chose, visée vers un objet de savoir qui est initialement extérieur au contenu immédiat de la conscience du sujet. L'acte de connaître met donc en scène trois entités qui sont respectivement : (1) le sujet X tel qu'il existait et se représentait à lui-même avant de connaître l'objet Y, (2) ledit objet Y qui est le support de cette expérience de connaissance, et enfin (3) le sujet X' qui est le sujet X ayant assimilé l'objet Y, c'est-à-dire le sujet ayant mis à jour ses représentations mentales à la lumière des nouvelles connaissances acquises. Considérons un instant Y. Selon cette définition, une multitude d'objets peuvent prendre la place de Y, et faire donc l'objet d'un acte de connaissance. Y peut être une équation de physique des fluides, un poème de Rimbaud, une lettre manuscrite de la femme que j'aime, le rapport circonstancié d'un massacre ethnique au Rwanda, une chaconne de Bach, une nouvelle de Borges... Ce cadre général ne restreint donc pas la connaissance à un seul de ses champs (scientifique, artistique, amoureux, religieux, sportif, social, etc.), mais saisit le point qui est commun à chacune de ses modalités : la transformation du sujet. L'objet Y peut également être un individu ou un groupe de sujets qui pourront eux aussi tirer de cette rencontre une expérience de connaissance, ce qui introduit une récursivité intersubjective, et donc une richesse vertigineuse dans cette forme de connaissance qui implique un (des) autre(s) sujet(s) que moi. On pourrait dégager une estimation de la puissance d'une expérience de connaissance en procédant à la comparaison des états X et X' du sujet. L'écart entre les représentations cognitives qui distinguent l'état initial et l'état final du sujet serait un bon reflet des effets de cette expérience de connaissance. Mais qu'est-ce qui va précisément être transformé chez le sujet ? Ce différentiel (X-X') entre l'état initial du sujet – cet état X – et son état final à l'issue de son acte de connaissance – cet état X' –, affecte évidemment le système de fictions-interprétations-croyances du sujet avec lequel nous avons fait connaissance de manière souvent spectaculaire au cours du chapitre précédent. L'enjeu de la connaissance ne serait pas tant l'appropriation d'informations considérées en elles-mêmes, que la possibilité de vivre une transformation, parfois radicale, de notre identité. Connaître, c'est donc chaque fois poser sur la table notre jeu de croyances les plus variées, des plus profondes aux plus superficielles, et prendre le risque de les voir subir des modifications que nous n'avions par définition pas pu totalement anticiper avant de découvrir ce que nous ne connaissions pas encore à l'instant précédent. Dès lors, il n'est plus très difficile de comprendre en quoi la connaissance peut constituer une incomparable source de joie, de liberté, d'émancipation et d'épanouissement, mais également un chemin vers la tragédie, vers la souffrance, ou vers la disparition.

Rappelons-le à nouveau, l'expérience de la connaissance ne partage pas grand-chose avec le téléchargement d'un document pdf sur le disque dur de votre PC, ni même avec son activation dans la mémoire dite « vive » de votre ordinateur. La conception que nous exposons ici ne dévalorise en rien le contenu objectif de chacune des expériences de connaissance, mais elle insiste sur cette composante que nous avons souvent tendance à négliger : le sujet. Nous pourrions compléter cette définition de la connaissance en utilisant des critères supplémentaires qui nous permettraient de qualifier cette transformation du sujet comme un enrichissement ou un appauvrissement, mais ceci est d'une certaine manière orthogonal au sujet qui nous occupe ici. Par exemple, on pourrait proposer que lorsque la transformation du sujet s'accompagne d'une augmentation de sa capacité à respecter la complexité des phénomènes qu'il rencontre, cela correspond à une transformation enrichissante, et *vice versa*. Exemple : la comparaison entre la transformation d'un sujet qui découvre le métier d'historien et celle d'un sujet qui devient membre d'une secte. Dans chacune de ces deux situations, le sujet risque d'être massivement transformé dans son système de fictions-interprétations-croyances, mais il n'est pas arbitraire d'affirmer que l'historien de qualité saura probablement penser le monde en des termes moins primaires, moins systématiques et moins naïfs que l'endoctriné modèle.

Ainsi considérée, la connaissance est au moins autant une histoire de « Je », une histoire de sujets, qu'une préoccupation pour les objets qui la constituent et pour les sources d'informations qui sauront nourrir nos expériences. À qui donc consacrer une attention sans faille dans cette odyssée de la connaissance ? Au sujet, qui est l'acteur de la connaissance ! Tel est le sens du titre de ce chapitre : « Au sujet de la connaissance ! » À ce sujet justement, nous pourrons remarquer que cette conception nous réconcilie d'une certaine manière avec les mythes passés en leur conférant une portée signifiante : à travers la transformation de ce qui fonde le sujet – transformation dont l'ampleur est parfois imprévisible –, la connaissance expose l'individu à des métamorphoses de son identité, de ce qui le constitue à ses propres yeux. Il serait d'ailleurs illusoire d'imaginer qu'un sujet puisse figer une fois pour toutes son « identité », en décidant de ne plus jamais connaître. L'identité est un processus vivant. Morte, elle porte d'autres noms : momie, zombie, cadavre. Ainsi pouvons-nous donner un sens contemporain à ce concept de « poison vital », oxymore de la connaissance. En biologie, l'équilibre ne caractérise pas la vie, mais la mort.

D'une certaine manière, les idées que nous développons ici s'apparentent à un « bon sens » humaniste qui corrobore – à sa façon – la longue tradition du discours occidental autour de l'essence authentique de la connaissance. Bon sens donc, mais bon sens fondé cette fois sur le regard naturaliste qui est celui du neurologue et du neuroscientifique que je suis. Il existe d'ailleurs une certaine émotion à faire ainsi résonner des pensées formulées depuis les origines de notre culture – de part et d'autre du Rhin et de la mer Méditerranée et à plusieurs siècles de distance – en les colorant de significations qui étaient inconnues aux esprits de leurs locuteurs : raviver l'essence de la connaissance avec les neurosciences de la subjectivité. Cette illustration de l'art de la lecture est une mise en abyme de la connaissance qui participe elle-même à la réhabilitation du sujet que nous défendons ici, puisqu'elle affirme que lire n'est pas une opération passive – vierge de sujet –, mais une appropriation active, par le lecteur, d'un discours initialement extérieur auquel il confère de nouvelles interprétations.

Ce regard centré sur les sujets, acteurs de la connaissance, permet dans le même temps d'expliquer aisément la puissance toute relative d'une information qui fait l'objet d'un acte de connaissance. Elle ne déclenche pas les mêmes menaces, selon le contexte cognitif et le système de croyances dans lequel elle est reçue. Considérons par exemple le fait de savoir que la planète Terre n'est pas plate et immobile, centre fixe de l'Univers, mais un astre sphérique qui tourne sur lui-même, en rotation perpétuelle autour du Soleil. Cette proposition est un objet de connaissance qui renferme un certain contenu informationnel. Mais ce contenu informationnel ne provoquera pas les mêmes menaces existentielles selon le contexte dans lequel il sera délivré. Lorsque cette information est exprimée par Galileo Galilei dans l'Italie du XVIIe siècle, elle provoque une violente réaction d'opposition qui trouve son apogée au terme d'un procès conduit en 1633 par les autorités du Saint-Office. Galileo Galilei est condamné à la prison à vie et doit abjurer sa thèse héliocentrique qui invalidait le système aristotélicien géocentrique conforme à la conception cosmogonique catholique de l'Univers à cette époque :

« Moi, Galileo, fils de feu Vincenzio Galilei de Florence, âgé de 70 ans, ici traduit pour y être jugé, agenouillé devant les très éminents et révérés cardinaux inquisiteurs généraux contre toute hérésie dans la chrétienté, ayant devant les yeux et touchant de ma main les Saints Évangiles, jure que j'ai toujours tenu pour vrai, et tiens encore pour vrai, et avec l'aide de Dieu tiendrai pour vrai dans le futur, tout ce que la Sainte Église catholique et apostolique affirme, présente et enseigne. Cependant, alors que j'avais été condamné par injonction du Saint-Office d'abandonner complètement la croyance fausse que le Soleil est au centre du monde et ne se déplace pas, et que la Terre n'est pas au centre du monde et se déplace, et de ne pas défendre ni enseigner cette doctrine erronée de quelque manière que ce soit, par oral ou par écrit ; et après avoir été averti que cette doctrine n'est pas conforme à ce que disent les Saintes Écritures, j'ai écrit et publié un livre dans lequel je traite de cette doctrine condamnée et la présente par des arguments très pressants, sans la réfuter en aucune manière ; ce pour quoi j'ai été tenu pour hautement suspect d'hérésie, pour avoir professé et cru que le Soleil est le centre du monde, et est sans mouvement, et que la Terre n'est pas le centre, et se meut[1]. »

Transportons-nous maintenant en août 2008, nous sommes dans une chambre d'enfant d'un appartement parisien. Le jeune Gabriel, âgé de 7 ans, n'a aucune difficulté à choisir la réponse : « La Terre tourne autour du Soleil » à la question inscrite sur l'une des fiches du livre d'exercices pour enfants, *Les Incollables*, niveau CE1. Il se réjouit aussitôt de sa réponse en lisant la correction au dos de la fiche. Manifestement, cette expérience de connaissance ne semble pas avoir bouleversé le jeune Gabriel dans ses repères existentiels.

---

1. Traduit d'après Finocchiaro, 1989.

Le même contenu propositionnel et informationnel délivré dans deux contextes cognitifs distants de plusieurs siècles conserve le même contenu objectif intrinsèque, mais ne donne pas lieu à la même expérience subjective ni aux mêmes bouleversements des systèmes de croyances des individus qui le connaissent.

L'une des meilleures manières de faire l'expérience de cette couche subjective indissociable de la connaissance consiste à vivre une relation de maître à disciple. Ce mode de relation intersubjective, éprouvé depuis la nuit des temps pour assurer la pérennité et la qualité d'une transmission de la connaissance, illustre à merveille nos propos. Cette expérience intersubjective met en lumière la transformation des systèmes de fictions-interprétations-croyances qui accompagne l'acte de connaître : transformation du disciple bien entendu, mais également transformation du maître, sujet lui aussi qui fait face à un autre sujet. En dispensant son enseignement, le maître offre au disciple ses propres mises en formes fictionnelles des informations transmises, mais il évolue également lui-même au fil de ce jeu. En effet, de son côté, le disciple reçoit, mais doit aussi s'approprier ces connaissances, les faire siennes, et donc prendre suffisamment de recul pour les faire exister en lui-même, pour les incorporer à ses propres constructions fictionnelles qui à leur tour seront modifiées par cette expérience. Cette connaissance reçue, et surtout construite par le disciple, pourra alors être renvoyée vers le maître qui la découvrira à son tour. Expérience sans fin donc qui révèle la présence de cette couche fictionnelle, indissociable de la connaissance. Ainsi, la relation de maître à disciple, remarquablement célébrée par George Steiner (2003), est une relation riche, complexe, ambiguë, ambivalente, composée de séduction et de distance, d'amour et de haine, de souffrance et de joie.

Aux mythes que nous avons visités répondent à l'unisson les riches récits relatant la nature de cette relation très particulière, d'Athènes à Jérusalem et bien au-delà.

Poursuivons le fil de notre réflexion. Au cœur de la connaissance siège le sujet et, plus précisément, ce que nous avons identifié comme son essence, comme ce qui fait qu'il est ce qu'il est à ses propres yeux : l'activité et la production de son système de fictions-interprétations-croyances. Si nous avançons d'un pas encore, il apparaît que le regard que le sujet porte sur lui-même – sa conscience réflexive – n'échappe pas à ce principe général qui semble définir la connaissance humaine. Là encore, il ne peut s'agir que d'une construction subjective, construction dont l'objet cette fois n'est autre que le sujet lui-même. Autrement dit : « Je » est une fiction ! « Je » existe bien sûr – j'existe –, mais comme une fiction, c'est-à-dire en tant que produit du système de fictions-interprétations-croyances qui m'habite. « Je » est donc une fiction que nous interprétons et à laquelle nous croyons, à laquelle nous ne pouvons pas ne pas croire. « Je » se construit dans les révisions que ne cesse de lui apporter notre irrépressible activité fabulatrice. Notre seule possibilité pour continuer à alimenter cette construction qu'est notre identité consiste à la confronter à tout ce dont nous faisons connaissance. C'est pour cela que la connaissance nous est absolument vitale. Mais, ce faisant, deux risques majeurs nous guettent. Le premier d'entre eux est le risque inhérent à ce que l'on pourrait appeler la « mue du Je ». En « faisant connaissance », la révision de notre système de fictions-interprétations-croyances peut être si radicale que le « Je » qui en ressort n'a plus grand-chose à partager avec celui que nous étions jusqu'à présent. « Je » devient un autre, étranger à celui qu'il était. Il s'agit déjà d'une disparition à travers ce processus de métamorphose. Disparition du « Je » initial. Et comment restaurer une continuité dans la chaîne discontinue de ces « Je » successifs qui, à force de n'être jamais tout à fait les mêmes, risquent parfois de n'être finalement plus personne ? Ce facteur intrinsèque au sujet participe d'ailleurs peut-être pour partie aux phénomènes sociaux regroupés sous le terme générique de « crispations identitaires », qui incarnent de coriaces résistances à l'ouverture vers l'inconnu qui est vécue comme une menace identitaire.

Mais ce n'est pas tout : un risque plus périlleux encore nous menace. Un risque qui constitue, d'une certaine manière, l'étape ultime de la connaissance. L'épreuve « finale » qui seule autorise – ou non – la poursuite de l'aventure. L'épreuve finale dont une issue malheureuse recolorerait après coup l'ensemble du chemin parcouru des teintes de la souffrance et de la mort. Je veux parler de la connaissance qui rend lucide le sujet sur son propre compte. De la connaissance qui lui permet de réaliser, une fois pour toutes, que « Je » est une fiction, que « Je » existe bien sûr, mais qu'il n'existe pas comme existent les objets qui l'entourent, ni même comme les vêtements qu'il porte ou les livres qu'il lit et qu'il écrit. Que « Je » aime des « Je » qui sont d'autres « Je », animés par leurs propres fictions et croyances. Qu'il n'y a nul autre point d'ancrage à la réalité, dans ce monde de « Je », que celui de leur existence fictionnelle. Se connaître soi-même comme une fiction, s'admettre et s'aimer comme tel, telle est l'épreuve ultime de la connaissance. Au risque sinon de sombrer. Sombrer dans le néant qui reprend ses droits dès que le sens s'absente, dès que l'interprétation et la fiction faiblissent, dès qu'elles n'osent plus faire entendre leur voix.

Le « Connais-toi toi-même » socratique nous enjoignait-il d'ailleurs à autre chose qu'à cette prise de conscience première, périlleuse mais indispensable ?

Néant der Tale,
ou le récit du néant

La menace existentielle que nous venons de formuler possède une dimension universelle qui nous permet de donner sens à l'héritage mythologique par lequel nous avions débuté notre exploration du « poison vital » de la connaissance. D'une certaine manière, il s'agit là de l'une des clés de voûte de notre condition humaine. Nous en sommes les héritiers depuis les origines de l'Histoire, c'est-à-dire depuis que nos pensées s'inscrivent dans des textes. S'il est certain que trois mille ans de culture ont véhiculé ce message, ne pourrait-on pas imaginer qu'il nous fut transmis au-delà même des origines de l'Histoire ? Je me suis plu à imaginer un mythe contemporain de la connaissance en suivant une folle hypothèse dépourvue évidemment de la moindre prétention de vérité scientifique ou historique, ou plutôt préhistorique : et si nous étions les héritiers d'hominidés plus aptes encore que nous – les autoproclamés *Homo sapiens* – à l'exercice de la connaissance, hominidés qui auraient disparu devant nos yeux terrifiés du fait même du péril de la connaissance ! Hominidé contemporain de nos ancêtres, l'homme de Néandertal a vécu en Europe et au Proche et Moyen-Orient. Apparu il y a environ trois cent mille ans, et longtemps seul hominidé européen, il disparut « brutalement » en l'espace de quelques millénaires il y a environ trente mille ans, une fois que les premiers *Homo sapiens* étaient arrivés d'Afrique en Europe. Néandertal disposait d'un volume cérébral supérieur au nôtre, respectait des rites funéraires, maîtrisait des techniques de taille des pierres et disposait, très probablement, du langage et d'une certaine culture. Le mystère de sa soudaine disparition demeure entier. Mille et un scénarios envisagés, depuis son extermination par l'homme moderne jusqu'aux hypothèses climatiques ou environnementales, en passant par une mixité avec les *sapiens* numériquement supérieurs et un effet de dilution génétique. Au-delà de son intérêt strictement scientifique, le mystère de la disparition de l'homme de Néandertal est devenu en quelques décennies un fantastique catalyseur de fantasmes des origines. Pourquoi, dès lors, ne pas imaginer une 1002ᵉ hypothèse : l'homme de Néandertal ou l'homme qui en savait trop ! Trop savant pour survivre, envisageons Néandertal comme la première victime hominidée de la connaissance, de la connaissance de soi qui, poussée à l'extrême, anéantirait tout espoir de trouver une signification dans l'existence. Néandertal, victime d'un suicide collectif philosophique inscrit dans la pensée culturelle de cette espèce. Néandertal, qui aurait attendu la rencontre avec un hominidé plus stupide que lui, mais pas aussi stupide non plus que l'étaient ces Cro-Magnon débiles, bref, qui aurait attendu (par conscience existentielle !) durant de nombreux millénaires la rencontre avec cet homme à qui il pourrait transmettre une partie seulement de son savoir, celle qui lui permettrait de lui survivre, tout en lui chuchotant à l'oreille que connaître est un « poison vital » !... Et un jour cet homme lui apparut, venant de l'Est : nous ! Nous, dont les ancêtres auraient assisté à cette disparition vécue par eux comme l'aboutissement ultime d'une connaissance extrême, et qui auraient ainsi transmis cette menace oralement durant des dizaines de milliers d'années, avant de la voir apparaître, transfigurée sous la forme des mythes fondateurs que nous connaissons encore aujourd'hui, mais dont nous serions ignorants des origines. Nous, les *Homo sapiens*, nous ne fûmes pas les plus *sapiens* d'entre les *Homos* ! Ce mythe contemporain transculturel est le « récit du néant » ou le *Néant der Tale*. Il figure dans la quatrième et dernière partie de ce livre.

Au terme de la deuxième partie de cet essai, nous disposons d'une réponse claire et tranchée à la question de l'actualité des menaces de la connaissance. Plus encore, nous avons proposé une explicitation de l'essence même de ces menaces, d'où il ressort que, telles les deux faces d'une médaille, la connaissance nous expose à certaines menaces du fait même qu'elle nous offre dans le même temps la possibilité unique d'enrichir notre identité.

Munis de ces réponses qui ont une portée générique, nous pouvons légitimement chercher à passer de la théorie à la pratique, en nous interrogeant sur les formes contemporaines de ces menaces de la connaissance, et sur nos réactions. D'autre part, nos considérations théoriques nous conduisent en droite ligne vers ce qui constitue l'énigme de notre rapport actuel à la connaissance. Énigme aux multiples facettes, dont chacune nous renvoie son reflet à travers une interrogation : puisque, selon nous, la connaissance continue à receler ce danger existentiel qui semble être constitutif de son essence, pourquoi et comment sommes-nous devenus la première génération de l'histoire de la culture occidentale à ne plus prendre aisément conscience de cette menace ? Pourquoi et comment a-t-elle disparu de notre discours contemporain sur la connaissance ? Comment cette composante familière qui était présente à nos côtés comme un vieux chat, depuis les récits bibliques et mythologiques antiques jusqu'à nos « humanités » du lycée, a-t-elle réussi à filer à l'anglaise ? Pourquoi et comment y sommes-nous devenus aveugles et insensibles ? Menacés que nous serions, aujourd'hui encore, par la connaissance, comment comprendre l'absence apparente de réaction à cette menace ? Manifestement, les « mauvaises solutions » imaginées au fil des siècles et des millénaires ont perdu de leur panache et sont aujourd'hui explicitement condamnées par nos sociétés occidentales : le cloisonnement de la connaissance, l'obscurantisme religieux, la censure politique ou la manipulation idéologique des esprits ne sont plus au pouvoir. Au contraire, nous faisons l'apologie de la connaissance comme jamais encore nulle société humaine ne semble l'avoir fait ! Existerait-il une « mauvaise solution » contemporaine ? Dernière facette de cette énigme, en forme de question subsidiaire : toutes ces questions pourraient-elles n'en constituer qu'une seule ? Faudrait-il chercher un lien entre la « mauvaise solution » des temps modernes et la cécité qui nous caractérise ?

Répondre aux multiples questions découlant de cette énigme, telle est l'ambition de la troisième partie de cet essai.

Troisième partie

MALAISE CONTEMPORAIN DANS LA CONNAISSANCE

Qualifier de « malaise » notre relation actuelle à la connaissance n'est pas une figure de style ni un titre de chapitre provocateur. Je pense et je crois que nous vivons un malaise inédit dans l'histoire de notre culture occidentale, malaise qui se manifeste en premier lieu par un singulier paradoxe. D'une part, nous tenons un discours apologétique et univoque sur la connaissance : « Nous sommes la société de la connaissance ! » D'autre part, il suffit de garder les yeux grands ouverts pour apercevoir aussitôt les multiples brûlures que la connaissance continue à nous infliger dans chacun de ses champs d'action : brûlures de la connaissance amoureuse, familiale ou médicale, brûlures de la connaissance sociale, de la connaissance médiatique et, bien entendu, brûlures de la connaissance scientifique qui continue à déstabiliser nombre de croyances individuelles et collectives très profondes. Cette juxtaposition paradoxale entre une apologie univoque de la connaissance et notre remarquable cécité collective à ses brûlures, telle est la manifestation la plus saillante de ce malaise. Afin d'essayer d'en comprendre la signification et de débusquer les causes multiples qui ont pu l'engendrer de concert, il ne me semble pas inutile de commencer par se promener au sein de ce malaise contemporain.

CHAPITRE PREMIER

Bienvenue dans la « société de la connaissance »

« *Nous sommes la société de la connaissance* »

En 2000, le Conseil européen de Lisbonne s'est fixé comme objectif stratégique pour 2010 de « devenir l'économie de la connaissance la plus compétitive et la plus dynamique du monde, capable d'une croissance économique durable accompagnée d'une amélioration quantitative et qualitative de l'emploi et d'une plus grande cohésion sociale[1] ». Jetons un bref coup d'œil sur la version française de cette devise sociétale. Jamais les citoyens français n'ont été aussi diplômés. Jamais une génération n'a pu porter au baccalauréat une proportion aussi grande de ses individus depuis sa création sous Napoléon, le 17 mars 1808. De 59 287 admis en 1960, nous sommes passés à plus de 520 000 depuis 2006. Jamais l'âge d'entrée sur le marché du travail n'a été si tardif, jamais le nombre d'années d'études n'a été si élevé qu'il ne l'est aujourd'hui. Nos partis poli-

---

1. *Objectif stratégique à 2010 fixé pour l'Europe au Conseil européen de Lisbonne,* mars 2000.

tiques, qui jouent le jeu salutaire de la confrontation des programmes et des idées, entonnent ici à l'unisson la reconnaissance du rôle vital et majeur de la connaissance : depuis le texte de la convention UMP d'octobre 2006 intitulée « Société de la connaissance : la nouvelle frontière » au projet d'amendement à la déclaration de principe du Parti socialiste de mai 2008 qui défend l'idée d'une « société de la connaissance ouverte », sans oublier la « société de la connaissance partagée » du PCF... *Nous sommes la société de la connaissance.* Nous écrivons nous aussi notre encyclopédie multimédia, participative et ouverte, dans la fidèle tradition de Diderot et des encyclopédistes. Mieux, chacun d'entre nous est un Diderot en puissance, invité à déposer sa contribution dans cette œuvre collective version Web 2.0. De Wikipédia au site Gallica de la Bibliothèque nationale, d'innombrables sources de connaissances sont mises à la disposition de chacun d'entre nous. Non au cloisonnement, non à l'obscurantisme, non à la censure, aux censures de toutes sortes. L'explosion des supports et des formes de média, papier, TV, radio ou Web, participe là encore à la multiplicité des horizons et des modalités de transmission et d'échange d'informations offertes aux citoyens que nous sommes. Nous avons su organiser les temples modernes du savoir et célébrer leurs grands-messes, depuis les « Cités de la réussite » annuelles, jusqu'à l'« Université de tous les savoirs ». Nul ne nie bien entendu l'existence de profondes inégalités dans l'accès et la manipulation de ces outils de connaissance, inégalités entre pays, et inégalités au sein d'une même société. Mais le point ici pertinent est que personne ne semble faire mention de « menaces ou de risques » propres à la connaissance, bien au contraire. Un numéro récent de la revue *Hermès* (Collectif, 2005), intitulé « Fractures dans la société de la connaissance », développe les dimensions techniques, éducatives, sociales et économiques de cette « nouvelle » société qui laisse également apparaître de nouvelles inégalités. Mais là encore, nulle mention d'un risque qu'il y aurait dans le fait même de « connaître ».

Nous sommes la société de la connaissance, c'est une évidence. Mais, au fait, qu'entendons-nous précisément par là ? Quelles valeurs associons-nous à cette devise moderne ? Quand cette société de la connaissance a-t-elle réellement vu le jour ?

« Sous la société de la connaissance... la société de l'information »

En réalité, l'expression « société de la connaissance » n'est pas née *ex nihilo*, mais succède à celle de « société de l'information ». Vers le début des années 1970, le sociologue américain Daniel Bell introduit pour la première fois l'expression de « société de l'information » dans un ouvrage intitulé *Vers la société postindustrielle* (Bell, 1973). Ce qui est explicitement visé par ce qualificatif sociétal peut être synthétisé en deux idées complémentaires : valorisation de la maîtrise de l'information et des connaissances théoriques, et rejet des discours idéologiques qui deviendraient superflus. Nous sommes encore pendant la guerre froide et cette conception est originale. Ce ne sont ni les outils industriels ni les croyances idéologiques qui primeront dans la nouvelle économie, nous disait Bell, mais les services fondés sur la connaissance au sein d'une société dont l'information deviendrait l'une des valeurs suprêmes. La journaliste Sally Burch, qui a dressé un bref historique de ce vocable (Burch, 2005), note qu'il faut attendre les années 1990 pour que cette conception visionnaire trouve un écho important, du fait du développement d'Internet et des technologies de l'information et de la communication, mais aussi, me semble-t-il, en raison de la fin de la guerre froide et de l'effondrement du bloc soviétique et donc des vieux clivages idéologiques Est-Ouest. L'expression-concept de « société de l'information » est alors prête pour un succès planétaire. À l'ordre du jour du G7 puis du G8, elle intéresse au plus haut point la Communauté européenne, l'OCDE, l'Organisation des Nations unies. Des sommets mondiaux lui sont consacrés. Plusieurs variantes théoriques sont déclinées autour d'expressions voisines, dont la « société informationnelle » de Manuel Castells ou encore la « société de l'intelligence » proposée par André Gorz.

En parallèle avec la célébrité croissante de cette expression-concept, la « société de la connaissance » ou « société du savoir » (*Knowledge Society*) fait son apparition dans plusieurs milieux universitaires nord-américains. Ainsi, Abdul Waheed Khan, sous-directeur général de l'Unesco, adopte cette nouvelle expression et justifie ainsi la nuance : « La société de l'information est la pierre angulaire des sociétés du savoir. Alors que, pour moi, la notion de "société de l'information" est liée à l'idée d'innovation technologique, la notion de "sociétés du savoir" comporte une dimension de transformation sociale, culturelle, économique, politique et institutionnelle, ainsi qu'une perspective de développement plus diversifiée. À mon sens, la notion de "société du savoir" est préférable à celle de "société de l'information" car elle fait une place plus large à la complexité et au dynamisme des changements qui sont à l'œuvre. [...] Le savoir en question est utile non seulement pour la croissance économique, mais aussi parce qu'il contribue à l'autonomie et au développement de la société dans son ensemble » (cité par Sally Burch).

Au-delà de ces nuances, nous retiendrons ce résultat capital : la « société de la connaissance » est une variante nominale de la « société d'information » qui est, elle, la véritable révolution sociétale. Sans la révolution technologique et la ruine idéologique qui ont donné naissance à la société de l'information, nulle société de connaissance n'aurait jamais été proclamée. Autrement dit, une partie importante des attributs que nous associons à la « société de la connaissance » dérive en droite ligne du concept d'information. Pourtant, ces deux termes sont loin d'être équivalents. À la question : « Qu'est-ce qui distingue une information d'une connaissance ? », nous avons déjà répondu : c'est la prise en compte du sujet. Car connaître, c'est toujours connaître quelque chose, ou quelqu'un, mais ce n'est pas seulement ce « quelque chose » ou ce « quelqu'un ». L'expérience de la connaissance, avons-nous appris, est la relation d'un sujet, avec son lot de croyances, son identité, son histoire propre et sa narration personnelle, avec un jeu de données, c'est-à-dire avec un jeu d'informations extérieures au contenu de sa conscience. Cette idée fondamentale n'est autre que celle qui a donné naissance à la phénoménologie husserlienne et à ses innombrables développements : la conscience est par nature intentionnelle, c'est-à-dire qu'elle n'est jamais isolable de l'objet qu'elle vise. Je ne suis pas conscient de manière intransitive, mais toujours conscient de quelque chose, d'un contenu auquel je n'accède précisément qu'à travers cette relation subjective avec l'objet. Cet objet extérieur au sujet existe bien, mais, d'une certaine manière, cet objet n'est pas directement pertinent puisque je n'y ai jamais accès autrement que par le truchement de ma subjectivité. Il serait ainsi illusoire d'exclure l'expérience subjective d'une définition de la connaissance qui se concentrerait exclusivement autour des objets de savoir, c'est-à-dire des informations qui vont être visées par le sujet. Une société de l'information ne peut ainsi être identifiée avec une société de la connaissance.

La mise au jour de la « société de l'information » sous le masque de la « société de la connaissance » permet de comprendre la place fondamentale occupée aujourd'hui par le concept de transparence. Une information est un matériau qui renferme intrinsèquement une certaine quantité de données objectives, et cela quel que soit son contenu précis : « le petit chat est mort » ; « Jacqueline est jalouse » ; « $E = MC^2$ » ; « le PNB moyen au Brésil s'élève à 3 455 dollars » ; « les premiers mots de l'*Iliade* sont "Chante, déesse, la colère d'Achille" », etc. Toutes ces propositions ont une valeur informationnelle intrinsèque, qui ne dépend pas d'un sujet. Que j'accède ou non à ces informations n'affecte en rien leur contenu propre. De ce point de vue, il est parfaitement légitime et logique pour une société de l'information de se placer sous le principe de l'absolue transparence.

Le paradoxe de la transparence

Sauf que. Sauf qu'une société de l'information ainsi définie fait abstraction des sujets, de chacun des sujets que nous sommes, avec nos systèmes de fictions-interprétations-croyances respectifs. Nous sommes ainsi quotidiennement soumis à un « grand écart », parfois douloureux, entre, d'une part, les aspirations légitimes de notre société de l'information à la transparence la plus totale et, d'autre part, les motifs de résistance à cette transparence originaires de notre économie psychique qui est gouvernée par la stabilité de nos croyances subjectives. Cette tension entretenue est à l'origine de notre discours ambivalent et très paradoxal à l'égard de la transparence. La juxtaposition de notre apologie quasi illimitée de la transparence avec les brûlures qu'elle nous occasionne pourtant quotidiennement permet de faire apparaître avec force et évidence ce que nous avons qualifié de « malaise contemporain ».

Longtemps, l'absence de transparence dans nos vies affectives, sociales, politiques ou économiques a servi la protection d'intérêts corrompus, d'inégalités masquées ou de forfaitures indignes. L'opacité, fidèle partenaire de la censure. Mais, aujourd'hui, l'opacité est morte, vive la transparence ! Transparence dans la sphère publique, dans les opérations financières, dans les prises de décision politiques, localement tout comme au plus haut niveau national. Filmer les séances d'un conseil municipal, celles des deux chambres de l'Assemblée, voire celle d'un Conseil des ministres ne choquerait plus personne aujourd'hui, bien au contraire. Nous exigeons de pouvoir tout voir, sans censure d'aucune sorte. Transparence dans la sphère privée surtout. Transparence des salaires à tous les niveaux, transparence des biens des personnes publiques. Transparence des histoires de famille, celles des origines, des adoptions, des dons de sperme, des mères porteuses... Transparence de l'alcôve et du couple. Transparence médicale absolue, droit imprescriptible de savoir le diagnostic et le pronostic de nos maladies et de celles de nos proches. Transparence donc, à laquelle rien ne doit se montrer opaque. Voir ce qui se passe chez un avocat, chez un juge, dans un lit, sans mentionner les spectacles de voyeurisme télévisuel qui sont censés nous montrer la « vraie vie » de « vraies personnes ». Tout comme les innombrables caméras de surveillance qui enregistrent sans fin des images de chaque recoin de nos villes, sans spectateur attitré, nous voulons nous aussi avoir accès à toutes les caméras possibles, orientées vers les autres et vers nous-mêmes. Ce désir de transparence et de levée de tous les secrets est propre à notre société contemporaine. Il ne s'agit pas de le déplorer, encore moins de regretter le « bon vieux temps » de l'opacité, mais d'en comprendre l'émergence. Et cela ne va pas de soi. Nous n'avons pas développé et mis en pratique ce désir de transparence à l'issue d'une longue période de dictature, à l'instar d'autres États européens tels que l'Espagne, ou sud-américains par exemple, ni comme l'ex-URSS dont la première étape de l'échappée hors du régime totalitaire soviétique a été placée dès 1985 sous le signe de la *glasnost*, c'est-à-dire, littéralement, la « transparence » ! Pourtant, la transparence nous taraude comme elle ne l'avait jamais fait encore. Bien entendu, nous n'avions pas auparavant la même facilité technique à mettre en œuvre cette transparence. L'organe aurait-il contribué à créer la fonction ? Sans doute, mais pas à partir de rien. Cette obsession contemporaine est un indice de valeur.

Apologie sans faille de la transparence donc, à laquelle nous nous livrons et à laquelle nous attachons une grande importance, alors que, dans le même temps, nous vivons tous les jours les conséquences parfois brûlantes et douloureuses de la transparence. Je ne prône absolument pas une abolition de la transparence, mais je m'interroge sur le peu de cas que nous semblons faire des difficultés inhérentes à sa mise en œuvre[1]. Notre résistance à la transparence se joue quotidiennement dans les multiples sphères de nos existences, des plus immédiates et sensibles aux plus abstraites. Afin d'en éprouver la réalité, commençons donc par explorer la nature de ces « brûlures de la transparence ».

---

1. On pourra lire l'essai de Pierre Lévy-Soussan, intitulé *Éloge du secret*, qui figure parmi les critiques du discours apologétique contemporain autour de la transparence.

CHAPITRE 2

Les brûlures
de la transparence

Nous venons de faire le constat que la société de la connaissance à laquelle nous nous identifions ressemblait en réalité davantage à une société de l'information. Selon notre modèle triptyque de la connaissance qui implique le sujet avant (X) et après (X'), et son expérience de connaissance avec un jeu d'informations (objet Y), une société de l'information se préoccupe presque exclusivement d'assurer la libre circulation, la diffusion et l'échange des Y, sans considérations majeures pour les sujets X qui en sont les citoyens. Selon une telle logique, « *Y oriented* », il devient évident que la transparence, l'absolue transparence de l'information accessible à chacun des sujets, doit devenir un principe incontournable de la vie des sociétés de l'information, et que nulle menace ne puisse y être associée. Effectivement, les principales institutions qui règlent notre vie politique chantent d'ailleurs à l'unisson, ainsi que nous venons de le rappeler, l'absolue nécessité de ce principe de transparence. Cependant, selon notre conception, la connaissance ne se limite pas à cette circulation des informations, mais incorpore la manière dont le sujet est affecté dans son système de fictions-interprétations-croyances par les informations en question. Du point de vue qui est le nôtre, l'expérience de la connaissance demeure donc toujours susceptible de menacer, aujourd'hui comme hier, le sujet dans son identité. Il est possible de vérifier la pertinence de cette prédiction en partant à la recherche de situations qui nous révéleraient la manière dont les sujets peuvent parfois être mis à l'épreuve, et même être brûlés dans leur chair de sujets, par la transparence de l'information. Ces « situations limites » vont ici jouer un rôle assez comparable à celui des malades neurologiques de la partie précédente de cet essai. De même que les patients nous ont renseignés sur les principes qui soustendent chacune de nos expériences de sujet conscient, ces situations extrêmes pourtant issues de la vie quotidienne vont nous montrer comment nous sommes inévitablement affectés par les informations que nous recevons. Ce qui est ici pertinent n'est pas le fait que l'information puisse – parfois – nous brûler, mais tout simplement qu'elle nous affecte même lorsqu'elle ne nous brûle pas. Simplement, il est plus facile de s'en rendre compte quand ça brûle ! Évoquons-en brièvement certaines, à l'aide d'une approche géométrique qui partirait du centre constitué par notre identité propre, pour tracer les cercles concentriques centrifuges qui incluraient tout d'abord nos relations aux êtres qui nous sont les plus intimes, pour ensuite gagner de proche en proche nos liens avec les personnes qui nous sont plus éloignées, voire avec celles qui nous sont inconnues. Premier cercle, celui des brûlures de la transparence du sentiment amoureux qui embrasent et consument parfois notre existence individuelle pour n'en laisser qu'un tas de cendres vite dispersées aux vents du désespoir et du non-sens. Second cercle, celui des « secrets de famille » qui exposent le sujet au péril d'une énigme souvent dépourvue de solution : savoir ou ne pas savoir. Savoir quelque chose qui se trame entre la biographie factuelle « claire et tranchée », et le récit imaginaire qui en s'affranchissant de la « réalité », intègre et raconte une autre réalité, psychique cette fois, qui ne se superpose pas parfaitement à la précédente. Écheveau presque indémêlable au sein du récit familial qui tisse son histoire en utilisant indistinctement les fils de l'événement et du fantasme. Explosif écheveau, impitoyable pour celui qui, les confondant, saisit le fil du fantasme en criant à la mise au jour de l'événement caché. Erreur de fil. Boum ! Ou bien ne pas chercher à savoir quelque chose qui n'en finit parfois plus de soumettre le fonctionnement d'une cellule familiale à un lent mais inexorable processus de déflagration silencieuse. Troisième cercle, celui des secrets d'Esculape, les secrets du diagnostic et du pronostic médical. De l'annonce faite au mari de la femme souffrant d'une maladie d'Alzheimer, au pronostic annoncé aux parents d'un enfant atteint d'un cancer ou inconscient depuis un grave accident. Savoir, dénier, ne pas vouloir savoir, ne plus pouvoir savoir, demander à savoir du bout des lèvres tout en implorant de demeurer dans l'ignorance avec les yeux. Décoder, entendre, signifier, avec ces patients et leurs familles et leurs proches que nous recevons. Les souffrances de la transparence médicale commencent à être identifiées depuis quelques années, et leur prise en compte officielle s'inscrit jusque dans le programme officiel du concours de l'internat en médecine :

« Programme 2004 de l'Examen classant national (nouveau nom du concours de l'Internat), Module 1, Apprentissage de l'exercice médical, item 1 : La relation médecin-malade. *L'annonce d'une maladie grave.* La formation du patient atteint de maladie chronique. La personnalisation de la prise en charge médicale. »

L'annonce diagnostique ne va pas de soi, évidemment. Même dans la société de l'information – pardon, dans la société de la connaissance. Évidemment. Que le malade – ou dans certaines situations ses proches – puisse savoir est un droit fondamental qui relève d'une exigence éthique. Il est salutaire de ne pas tolérer un pur secret de soignants qui décideraient de façon souveraine et arbitraire à quel malade (et/ou à quelle famille ou quels proches) il conviendrait de dire ou de ne pas dire, sans devoir en rendre compte à qui que ce soit ni même à la loi. Le malade dispose effectivement de droits, dont celui de savoir, mais aussi celui de ne pas savoir, ce qui rend compte des qualités de sensibilité indispensables pour aborder décemment cette redoutable question. Un peu plus loin encore, les cercles qui nous font toucher les êtres que nous ne connaissions pas individuellement avant d'en avoir entendu parler. Cercles de l'information, diamètres centrifuges démesurément allongés par le truchement des médias. Nous croyons pouvoir savoir en toute transparence et en toute innocence ce qui se passe dans un fait divers, dans un conflit armé, ce qui se trame dans les arcanes de la prise de décision politique, de lever une fois pour toutes les obscurs secrets des « raisons d'État » qui n'auraient plus de raison d'être. Pour autant, ce n'est pas faire preuve d'un esprit outrageusement frondeur que de simplement constater que l'accès à certaines informations qualifiées de « sensibles » demeure extrêmement problématique aujourd'hui et ce en parfaite contradiction avec le discours de façade de nos institutions qui n'ont de cesse de condamner toute forme de censure et de louer les bienfaits de la transparence absolue. L'un des épisodes les plus exemplaires à ce titre est celui de la transparence annoncée, et presque aussitôt violée, des bulletins de santé parfaitement rassurants d'un président de la République qui institua de son propre chef ce droit des citoyens à connaître la santé de leur dirigeant, quelques mois avant de s'apprendre atteint d'un cancer qu'il sut cacher durant plus d'une dizaine d'années. On pourra avancer que cette forme de censure vise davantage à protéger le pouvoir en place que les citoyens qui en font les frais. Protection cynique d'un pouvoir donc, plutôt que protection des sujets contre une brûlure de la transparence. Cependant, dans un nombre important de situations, cette forme d'occultation remplit également une autre fonction – collatérale – de préservation du confort de nos croyances : ne pas informer les sujets que nous sommes de la réalité tout en prétendant le faire, nous permet de demeurer tranquillement entourés de nos fictions familières. Il suffit, pour s'en convaincre, d'observer le flot d'anxiété, de confusion et d'interrogations qui nous assaille lorsque ces pare-feu ne sont pas en place : les révélations sur la véritable marche de la guerre au-delà des caméras embarquées qui tentent de l'« aseptiser » et de la limiter à des « frappes chirurgicales », celles sur les conditions exactes de la mort atroce des dix soldats français dont certains ont été égorgés en Afghanistan dans la vallée de l'Uzbin le 18 août 2008, l'effondrement des tours jumelles et avec elles, celui de nombreuses certitudes, etc. Mon propos ici n'est évidemment pas de faire la moindre défense de la « censure », quelle que soit la forme qu'elle puisse prendre, mais simplement de souligner l'ineptie d'un discours décomplexé, béat ou cynique, sur l'évidence et l'innocuité prétendues de la « transparence » dans nos sociétés.

J'aimerais revenir aux cercles les plus intimes de nos existences, afin de développer plus en détail certaines de ces « brûlures de la connaissance » dont chacun d'entre nous peut faire l'expérience. Des cercles auxquels je suis moi-même confronté quotidiennement dans l'exercice de mon activité médicale.

Le jeune B. est-il conscient ?

Un jeune homme de 20 ans, prénommé B., est victime d'un grave traumatisme crânien suite à un accident de motocyclette. Il tombe dans un profond coma et souffre de plusieurs fractures. Plusieurs semaines plus tard, il ouvre les yeux mais ne communique pas encore avec son entourage. Il garde les yeux ouverts plusieurs heures par jour, mais ne signifie aucune intention par ses gestes, et ses proches et les soignants ne parviennent pas à établir de contact relationnel avec lui. Deux ans plus tard, B. est toujours dans le même état clinique. Son cœur bat normalement, il respire seul sans respirateur artificiel, il est nourri par une sonde gastrique et reçoit des soins de kinésithérapie. Peu de temps avant ce drame, les parents de B. avaient perdu en quelques années leurs deux premiers enfants. B. est leur petit dernier. B. est encore vivant, mais est-il conscient ? Son père me contacte. Son épouse et lui veulent savoir. Ils veulent savoir si leur fils est conscient, s'il continue à faire l'expérience d'une vie mentale à notre insu, à leur insu. Cela ne va pas toujours de soi en neurologie. Dans certains tableaux comme le « locked-in syndrome » par exemple, un malade peut être paralysé des quatre membres et incapable de prononcer le moindre son, alors qu'il est toujours parfaitement conscient. Les parents de B. savent déjà tout cela. Ils désirent savoir si leur enfant est conscient, s'il continue à penser et à ressentir leur présence. Un examen clinique approfondi et l'enregistrement des réponses électriques du cerveau de B. à des sons variés, à des mots, et à des voix vont nous permettre d'établir s'il existe encore une forme de vie mentale consciente chez B., ou s'il est dans ce que l'on appelle un état végétatif persistant[1]. Je m'entretiens longuement avec les deux parents de B., ensemble et séparément. J'apprends que sa mère vient le visiter chaque jour de l'année dans le centre de Bretagne dans lequel il réside, qu'elle demeure à ses côtés plusieurs heures par jour depuis son accident, qu'elle lui caresse la joue et surtout qu'elle lui parle. Si la réponse de nos explorations est négative, si B. était effectivement dans un état végétatif persistant, c'est-à-dire dans un état dans lequel les mots prononcés et les caresses prodiguées ne sont pas ressentis consciemment par B., serait-il si évident de communiquer ce résultat, d'en informer ses parents ? La transparence est vitale, je me bats ici pour être capable de la proposer aux familles de ces malades et à leurs équipes soignantes, mais je ne la considère pas comme inoffensive, bien au contraire. Cette situation extrême démontre également que la connaissance est avant tout l'affaire des sujets qui en font l'expérience : face à une situation objectivement comparable, celle d'un proche ayant brutalement perdu son aptitude à communiquer avec son entourage (accident sur la voie publique, hémorragie méningée, anoxie cérébrale par arrêt cardiaque, etc.), les réactions des sujets sont éminemment variables et parfois imprévisibles.

Si nous revenons au cadre théorique du triptyque de la connaissance (X, X', Y), nous réalisons que ces cas limites de confrontation à la souffrance ressentie pour un être proche apportent la démonstration qu'une même information « Y », aussi majeure et tragique soit-elle, ne conduit pas pour autant à une expérience similaire pour tous les sujets

---

1. Notre équipe de recherche participe, avec d'autres, à la mise au point de nouveaux tests neurophysiologiques à usage clinique qui permettent de détecter un fonctionnement conscient en observant l'activité d'un cerveau et sans dépendre des réponses verbales ou comportementales du malade (voir notre dernière application dans : Bekinschtein *et al.*, *PNAS*, 2009).

« X » qui la reçoivent. Au-delà de son apparente banalité, ce constat est essentiel : ces connaissances ne sont pas échangeables, l'expérience de chacun se distingue de celle des autres. Connaître ici « Y » dépend de « X », parler de la connaissance de cet « Y »-là sans prendre en compte qui est « X » est une absurdité. Dans ces situations médicales très difficiles, l'existence des schémas de fictions-interprétations-croyances de chacun, et leur poids dans l'expérience de la connaissance ne sont pas des concepts abstraits ou des conjectures hasardeuses, ce sont des évidences qui s'imposent à nous avec la violence de la réalité tangible. Même si cela est moins apparent dans les autres moments de nos existences, il serait étrange de penser que nous fonctionnons alors sur un mode radicalement distinct.

Au-delà de cette histoire clinique récente, de nombreuses autres situations médicales nous soumettent à l'épreuve des menaces de cette forme de transparence. L'annonce diagnostique est par exemple un moment crucial de la prise en charge d'un malade, moment fondateur à la fois du vécu de sa maladie, et de la qualité de la confiance établie avec son médecin. Il m'arrive fréquemment de procéder à de telles annonces chez des malades porteurs d'une maladie neurodégénérative dont l'exemple le plus connu est la maladie d'Alzheimer. Je n'applique en aucun cas une recette ou un protocole codifié ; cette annonce, ou cette non-annonce, avec toutes les formes de discours intermédiaires, résulte de la prise en compte de qui sont ces « X » qui me font face, et dépend de leurs attentes. De telles situations sont légion en cancérologie et en pédiatrie. En réanimation et dans les services de prise en charge des patients non conscients, les décisions d'arrêt de soin sont actuellement encadrées par la loi Léonetti qui implique les familles des malades dans la prise de décision. Va-t-on décider d'arrêter l'alimentation et l'hydratation d'un patient inconscient voué à une mort certaine en lui administrant un éventuel traitement antalgique ou sédatif le cas échéant ? Ces décisions ainsi que les exemples précédents illustrent la mise en acte de la transparence médicale. Il est évidemment fondamental que de telles connaissances médicales diagnostiques et pronostiques puissent être délivrées aux patients, et que ce droit soit protégé explicitement par le législateur, mais il est absurde d'imaginer que de telles informations ne sont pas sensibles. Quiconque fait l'expérience d'une telle situation, d'un côté ou de l'autre, comprend aussitôt cette évidence. Pour autant, le discours immédiat autour de la transparence en médecine met rarement en avant ces arguments, ne conservant le plus souvent que les bienfaits qu'il y a à pouvoir lire son dossier médical, ou à récupérer ses IRM et ses scanners. Je me répète, il est indispensable que ces droits soient assurés, mais cela ne règle pour autant pas le danger qu'il y a à savoir, parfois, en médecine.

Quelques mois après ma rencontre avec B. et ses parents, une autre famille refusera de procéder à cette exploration de la vie mentale de leur parent âgé qui était dans un état végétatif clinique et lourdement handicapé suite à un accident vasculaire cérébral massif. Ils refuseront de connaître, et je respecterai évidemment leur décision.

Chéri, pas de secrets entre nous

Un second espace de ces brûlures de la transparence est évidemment celui de l'intimité amoureuse, cette autre forme de connaissance qui ne finit pas de fasciner nos consciences. Du délire de jalousie au charme discret de la bourgeoisie immortalisée par le personnage d'Emma Bovary, sans omettre les lamentations « postbourgeoises » qui enragent de ne pouvoir lui échapper depuis Simone de Beauvoir jusqu'à Catherine Millet, nous sommes consumés par ce feu de l'intimité conjugale dévoilée. Deux êtres décident de lier leur existence à travers une relation amoureuse durable. Les ingrédients sont réunis. Cette modalité de la connaissance, la connaissance érotique, nous pose immédiatement une énigme, son énigme : puis-je aimer l'autre, celle ou celui que je vais intimement connaître, sans fusionner avec lui dans une identité aux limites floues, fusion qui n'annoncerait rien moins que ma disparition, que notre disparition indivi-duelle ? Devoir mourir à soi pour parvenir à aimer l'autre ? Autrement dit, l'autonomie du sujet peut-elle résister à l'Éros ? Cette perte de l'autonomie est-elle symétrique, ou risquerai-je de me retrouver mort à moi-même, tandis qu'elle – ou lui – continuerait à vivre pour elle, sans moi ? Mon agonie est-elle garante de la sienne ? D'où la place sin-gulière de l'adultère dans les mises en scène régulières de cette angoisse existentielle. L'infidélité conjugale condense en effet cette question centrale à travers une situation de la vie quotidienne qui répondra, souvent avec une grande vio-lence, à la question : suis-je toujours vivant une fois que j'ai fusionné et que l'autre me trompe, s'échappant seul de cette fusion ? Je n'affirme évidemment pas qu'une relation amou-reuse est inéluctablement condamnée à ce destin de fusion mortifère, et donc de disparition du sujet, mais il me semble certain que ce risque est inhérent à ce jeu des je et des corps. Face à de telles perspectives, la bourgeoisie européenne du XIXe siècle, en particulier française, semble avoir dégagé une conduite assez consensuelle en valorisant l'objet socialement observable aux dépens de l'intimité de nos psychés. Le choix de la « fusion » : ils sont M. et Mme X., unis par les liens sacrés du mariage, depuis ce premier baiser fougueux sous la tonnelle d'un jardin, jusqu'à leur caveau familial au marbre bien poli et régulièrement fleuri selon les règles en usage dans la bonne société. Au passage – mais, rappelons-le, ce n'est pas là la question centrale, mais une simple situation qui teste la validité de ce modèle –, M. X. peut tromper sa femme, Mme X. peut avoir un amant, et d'une certaine façon ils peuvent tous les deux le savoir, tout cela disparaîtra face au seul objet qu'ils investissent : l'image sociale de leur couple sera vierge de toute tache, de toute ombre. Ils protégeront la blancheur de cette image, même si ce n'est plus qu'image. Leur couple, leur amour, c'est l'icône bourgeoise qu'ils donnent à voir. Leurs âmes n'intéressent personne, à commencer par eux-mêmes ! Ils sont des behaviouristes avant l'heure. Chacun d'eux, chaque membre de leur société sait que ces icônes ne sont que des images, mais ils ont tous ensemble convenu que ces « réalités » étaient sans importance collective et que seules les icônes méritaient leur attention. Au-delà de cette description, on voit poindre la perversité assez malsaine et hypocrite de cette politique érotique de l'autruche, posture qui sera magnifiquement disséquée, et souvent dénoncée, par les écrivains du XIXᵉ siècle, dénonciation qui donnera également toute sa puissance à la psychanalyse naissante. Faire alors plutôt le choix d'une transparence ? La transparence sur nos intimités saurait-elle nous libérer de la « putréfaction bourgeoise » et nous restituer nos places de sujets, sujets de nos existences ? Les iconoclastes, les briseurs de ces icônes bourgeoises existent. Nous offrent-ils une libération plus joyeuse ? Simone de Beauvoir fut l'une des premières femmes à faire explicitement le choix, avec Jean-Paul Sartre, d'une intimité amoureuse qui ne sacrifierait pas l'autonomie des deux amants, et notamment pas celle de la femme. Pas de mariage, pas de vie commune, vie sexuelle non exclusive, et surtout éloge de la transparence érotique. Illustration pratique en 1938, soit près de dix ans après leur rencontre, Simone de Beauvoir écrit à Sartre : « Il m'est arrivé quelque chose d'extrêmement plaisant à quoi je ne m'attendais pas du tout en partant – c'est que j'ai couché avec le petit Bost voici trois jours. [...] Nous passons des journées d'idylle et des nuits passionnées[1]. » *So what ?* Ce choix courageux – courageux dans ce qu'il tentait de condamner – s'est-il révélé agréable, aisé et libérateur, ainsi que le suggère le ton détaché et ingénu de cette lettre ? Dès 1943, Simone de Beauvoir répond à notre question, dans son premier roman publié, intitulé *L'Invitée* (Beauvoir, 1972). Françoise et Pierre forment un couple parisien, elle écrivain de 30 ans, et lui directeur de théâtre. Au fil d'une rencontre estivale, Françoise fait la connaissance de Xavière, jeune femme provinciale de 19 ans qui étouffe dans sa petite ville de Rouen. Françoise l'invite à partager sa vie, à partager leur vie à Pierre et elle, à Paris. On l'aura compris, Xavière est l'« invitée ». Chacun de ces trois personnages vit chez soi, Pierre chez lui, Françoise à l'hôtel, tout comme Xavière. Progressivement, l'irruption de Xavière va éveiller la curiosité, puis le désir de Pierre. Françoise va rapidement éprouver une douloureuse jalousie de cette relation naissante. L'équilibre érotique est instable, tout semble vaciller, chacun se sent menacé dans ses repères. Dans le même temps, Françoise tient à son amitié avec Xavière. Une hospitalisation de Françoise permet à Pierre et Xavière de se rapprocher et de faire grandir le début d'intimité qui commence à les lier l'un à l'autre. Ce sur quoi Xavière couche avec Gerbert, un jeune auteur. Informé de ce forfait éro-

---

1. On pourra consulter la correspondance entre de Beauvoir et Bost entre 1937 et 1940 dans Beauvoir et Bost, 2004.

tique, Pierre laisse éclater sa jalousie, alors que lui-même et Xavière n'ont jamais échangé le moindre baiser. Ayant à son tour pris connaissance de cette série d'événements et de réactions, Françoise souffre, en cascade, de la jalousie de Pierre qui convoite Xavière. Françoise couche alors à son tour avec Gerbert, blessant ainsi Xavière qui était amoureuse de ce dernier. Vous suivez toujours ? La Seconde Guerre mondiale éclate, et la chute de Xavière s'accélère. Les hommes partent pour le front, Gerbert n'aime plus que Françoise, et Pierre a su se réconcilier avec cette dernière. Xavière sait tout cela, et elle se refuse à tout rapprochement avec Françoise. Incapable de forcer Xavière à renouer avec elle, Françoise n'a d'autre issue que de la tuer. Rideau. Nous commençons à prendre une certaine habitude, antique, de ces récits de connaissance qui n'ont d'autre échappatoire que la disparition du sujet. Le récit psychologique lucide de Simone de Beauvoir devient émouvant par sa clairvoyance et par la reconnaissance du destin presque inéluctable de cette aventure de transparence érotique. Au-delà de la démonstration romanesque d'une thèse de l'existentialisme – exégèse traditionnelle de cette œuvre très construite –, ce roman demeure avant tout une implacable description, clinique et franche, de l'atmosphère dans laquelle cette transparence tentait de se jouer entre Sartre/Pierre et Beauvoir/Françoise. Au petit jeu de tissage entre la fiction et le réel, Xavière n'est autre qu'Olga Kosakievicz, à qui le roman est dédié, et qui deviendra l'épouse de Jacques-Laurent Bost/Gerbert, le « petit Bost » évoqué plus haut dans le courrier de 1938 écrit à Sartre. Tout au long de cette existence, d'autres personnages viendront s'intégrer, et souffrir, avec Sartre et Beauvoir dans leur jeu dangereux avec la lumière. Acculés à une contrainte formelle aussi aliénante, aveugle et étouffante que celle de la bourgeoisie, leur projet de la

« transparence » n'est pas une libération de la puissance
d'être et d'agir chère à Spinoza. Soixante ans plus tard, dans
un contexte social et intellectuel fort différent, Catherine
Millet nous livre à son tour son récit des brûlures inatten-
dues de la transparence érotique pourtant conçue comme
une clé de voûte de son existence amoureuse avec son com-
pagnon. Icône contemporaine d'un nouveau discours amoureux livré dans son autofiction *La Vie sexuelle de Catherine
M.* (2001), Catherine Millet raconte dans *Jours de souffrance*
(2008) l'irruption irrépressible du sentiment de jalousie en
découvrant les traces, non cachées, des aventures extra-
conjugales de son partenaire. Sentiment cognitivement
impénétrable, qu'elle ne s'attendait pas à éprouver, la vestale
contemporaine du « pacte de transparence » nous conduit
au même constat que Simone de Beauvoir. D'une putréfaction l'autre, de l'ombre fétide de la bourgeoisie à la lumière
violente du couple « libéré », la connaissance de l'être aimé
ne finit pas d'être une histoire dangereuse dont la transparence n'adoucit en rien la menace.

Malgré leur opposition de surface, je pense que ce discours apologétique de la transparence érotique au sein du
couple partage quelque chose de commun avec le délire de
jalousie. Utilisant des formes diamétralement opposées, le
jaloux et l'individu « libéré » semblent tous les deux guidés
par une forme d'illusion naïve assez proche. Confrontés aux
questions que pose la connaissance amoureuse à notre existence de sujets autonomes, l'un croit pouvoir définitivement
les résoudre en ne faisant simplement plus mystère de
l'agenda de son corps à son partenaire, tandis que l'autre
choisit de partir à la recherche des preuves infaillibles de
son infidélité, preuves qui loin d'être extérieures à sa pensée
ne sont en dernier ressort que des interprétations guidées
par sa conviction délirante profonde. Tout événement sera

interprété sur le même mode, et nul argument rationnel ne saura durablement résister à la conviction délirante. Éros se joue de nous, Éros se joue en nous. La transparence extérieure du couple « libéré » et la « preuve extérieure » du jaloux se rejoignent ainsi dans leur naïveté et leur violence pour tenter de résoudre une fois pour toutes, « à la hussarde », cette énigme d'Éros. Du point de vue de notre triptyque (X, X', Y), la connaissance amoureuse correspond au cas limite dans lequel Y, l'objet de connaissance, est un autre X, un sujet vers lequel je plonge tout entier en courant le risque de me fondre à lui : mourir à soi en aimant l'autre.

Un pied de nez à la transparence !

Au sein du chœur qui chante à l'unisson les bienfaits de la transparence à tous crins, je suis souvent confronté en tant que médecin à une dissonance dont chacun d'entre nous a fait l'expérience, le plus souvent à son insu : le placebo. Mieux connue sous l'appellation d'« effet placebo », cette curiosité médicale est initialement une « préparation dépourvue de tout principe actif, utilisée à la place d'un médicament pour son effet psychologique, dit "effet placebo" » (définition du *Larousse médical*). Plus largement, on range sous ce vocable toute action à visée thérapeutique dénuée d'une quelconque efficacité intrinsèque, et qui s'avère pourtant efficace du seul fait que le patient croit qu'on lui a administré un traitement actif. Autrement dit une vertu salutaire de l'ignorance, voire du mensonge et donc de la méprise ! La simple administration de sérum physiologique présenté au malade comme une drogue active contre le mal dont il souffre provoquera une amélioration sensible de son état clinique. Dans certaines situations, l'ampleur de cet effet peut être très impressionnant : l'état de 50 % des malades traités peut être objectivement amélioré. Cette amélioration n'est pas qu'un ressenti subjectif du malade, bien que ce ressenti existe, mais également une appréciation extérieure d'un soignant à l'aide de son savoir et de ses échelles d'évaluation. Soit dit en passant, l'effet placebo est d'une certaine manière le cauchemar de l'industrie pharmaceutique et des essais cliniques. En effet, sachant que la réponse à une substance pharmacologique administrée à un malade peut être à l'origine d'une si ample réponse positive, il devient plus difficile de détecter l'existence d'un effet supplémentaire de cette molécule, non imputable au seul effet placebo. Ainsi, depuis plusieurs décennies, la démonstration de l'efficacité d'un nouveau médicament sur une pathologie donnée doit faire l'objet d'essais cliniques réalisés « en double aveugle », c'est-à-dire au cours desquels ni le malade ni le médecin ne savent ce qui est donné et ce qui est reçu : substance active *versus* placebo ? L'observation d'un taux de réponse significativement supérieur dans le « groupe traité » par comparaison avec le « groupe placebo » permettra de retenir l'existence d'un effet spécifique de la substance testée. La détection d'un authentique petit effet positif peut ainsi devenir difficile et exiger un nombre très important de malades pour atteindre une puissance statistique permettant de distinguer le surcroît de bénéfice qui s'ajoute à l'effet placebo. Mentionné dès 1811 dans un dictionnaire médical anglais sous la description d'une « médication destinée plus à plaire au patient qu'à être efficace », le mécanisme de tels effets positifs médiés par un effet psychosomatique demeure assez mystérieux. De manière très humaniste, l'existence d'un effet placebo vient renforcer une évidence clinique : le contexte dans lequel un médecin prescrit un traitement à un patient participe grandement à l'efficacité de son geste. L'ordonnance n'est pas une feuille posée sur un bureau, mais le fruit d'une relation entre un thérapeute et un malade, vecteur d'une croyance fondée en partie sur la confiance, la reconnaissance d'une compétence, l'impression d'avoir été écouté et compris dans sa plainte. La qualité de cette relation participe à la réponse du malade au traitement prescrit. Les premières explications de ce fantastique phénomène ont été avancées. Certaines maladies ou pathologies sont nettement plus sensibles que d'autres à l'effet placebo. Parmi elles, les douleurs, la maladie de Parkinson et les dépressions. Pourquoi elles ? Que se passe-t-il de singulier dans l'esprit, le cerveau et l'organisme d'un malade lorsqu'il ingère quelques centilitres d'eau sucrée en croyant boire un puissant antalgique ? Premier constat, l'effet de la croyance du malade est extrêmement puissant : dans une étude désormais classique sur les douleurs post-opératoires, Levine et ses collègues ont observé que l'injection intraveineuse d'une ampoule de sérum physiologique – simple soluté dépourvu de toute activité antalgique intrinsèque – à un patient douloureux tout en lui affirmant qu'il s'agit d'une injection d'un puissant antalgique, procure un réel effet antalgique (Levine, Gordon *et al.*, 1981). Cet effet est équivalent à celui d'une injection de 8 mg de morphine réalisée à l'insu de ce malade ! Certains facteurs qui participent à l'effet placebo ont été identifiés : plus le placebo est onéreux, plus ses modalités d'administration semblent invasives (injection *versus* ingestion), et plus le discours médical qui entoure le placebo est marqué par la certitude d'une efficacité, plus l'effet placebo est important (Oken, 2008). Tous ces facteurs font appel aux facultés d'interprétation et de croyance conscientes des sujets. Pourrait-il alors s'agir uniquement d'un effet de biais subjectif : le patient douloureux, convaincu de recevoir un antalgique, répondrait que son état est moins douloureux tout en continuant à éprouver le même désagrément ? Même si ce mécanisme existe certainement, il ne peut expliquer l'ensemble des effets de la suggestion associés à l'effet placebo : le malade parkinsonien qui marche plus rapidement et qui est moins raide ne fait pas uniquement l'expérience d'un biais d'évaluation subjective. Le mécanisme de ce phénomène spectaculaire a été en partie dévoilé par une publication remarquable parue en 2001 dans la prestigieuse revue *Science*. Dans la maladie de Parkinson, les neurones d'un petit noyau cérébral – le locus niger, plus précisément la *pars compacta* de ce petit noyau – dysfonctionnent et meurent progressivement. À l'état normal, ces neurones fabriquent un neuromédiateur fondamental, la dopamine, qu'ils libèrent à une autre région cérébrale dénommée le striatum. À l'aide d'une élégante expérience d'imagerie cérébrale fonctionnelle qui permet de mesurer la quantité de dopamine fabriquée par le cerveau des malades et délivrée à leur striatum, Fuente-Fernandez et ses collègues de l'Université de Colombie britannique à Vancouver ont fait une stupéfiante observation : lorsqu'un malade souffrant de la maladie de Parkinson reçoit un placebo qu'il croit être un authentique médicament antiparkinsonien, son locus niger malade se met à fabriquer davantage de dopamine, son striatum reçoit davantage de dopamine, et la motricité du malade s'améliore (Fuente-Fernandez, Ruth *et al.*, 2001). CQFD.

Avant cette étude, l'effet placebo semblait devoir être expliqué par des mécanismes indépendants de la maladie de Parkinson. Au contraire, le simple fait de croire recevoir un médicament dont le malade connaît les effets sur sa motricité suffit à déclencher une réponse qui utilise précisément le système qui est en défaut dans cette maladie. L'effet placebo utilise ici le même effet final que le médicament anti-parkinsonien ! Comme le disait François Mitterrand, « je crois aux forces de l'esprit ». Cet effet spectaculaire a récemment été étendu aux deux autres cadres pathologiques que nous avons mentionnés. Chez un malade douloureux, l'effet placebo s'accompagne d'une synthèse endogène d'endocannabinoïde, c'est-à-dire d'une fabrication intérieure des substances antalgiques centrales que notre organisme sait fabriquer et qui ont des effets comparables à la morphine et aux substances cannabinoïdes exogènes. De même, dans la dépression, l'effet placebo a été associé à une augmentation de synthèse cérébrale de sérotonine, cet autre neuro-transmetteur sur lequel agissent la plupart des antidépresseurs utilisés aujourd'hui, dont le Prozac® et tous ses cousins. Que venons-nous d'établir ? Que dans ces trois grandes maladies que sont la maladie de Parkinson, plusieurs syndromes douloureux et la dépression, l'effet placebo est très puissant et opère par le truchement d'une amélioration de certains systèmes cérébraux qui sont directement impliqués dans ces pathologies : fabrication de dopamine, endocannabinoïde, et de sérotonine. Diederich et Goez (2008) ont récemment proposé une hypothèse intéressante : l'effet placebo serait médié par la posture consciente du sujet qui croyant recevoir une drogue dont il connaît les effets sur lui-même, déclencherait par un mécanisme descendant *top down* une modulation centrale des systèmes cérébraux impliqués dans la maladie dont le patient souffre. Il s'agirait d'une autre illustration de phénomènes déjà découverts dans le champ de l'attention ou d'autres fonctions cognitives[1]. Cette hypothèse conduit à plusieurs prédictions : une maladie répondrait d'autant

---

1. On pourra consulter en particulier le chapitre 5 de la première partie du *Nouvel Inconscient, op. cit.,* intitulé « Un inconscient sous influence ? ».

mieux à l'effet placebo qu'elle serait en rapport avec un dys-fonctionnement modulable par notre cerveau. D'autre part, il n'existe évidemment aucune raison de penser que chacun d'entre nous possède les mêmes ressources potentielles en effet placebo. Ce merveilleux mécanisme thérapeutique souffre-t-il d'un talon d'Achille ? Il repose sur nos croyances conscientes, et très précisément pour l'effet placebo, sur notre ignorance du contenu véritable du médicament[1]. Connaître revient ici à perdre tout espoir de salut. Un effort de transparence ferait disparaître cette précieuse faculté qui semble exiger l'existence d'une croyance, quand bien même cette croyance est illusoire et inexacte. L'effet placebo ne se limite évidemment pas à l'effet des « médicaments », mais les mécanismes qui le sous-tendent sont à l'œuvre dans nos autres activités, notamment dans nos activités sociales et interpersonnelles. La question que pose la réflexion sur l'effet placebo dépasse les angoisses des cadres de l'industrie pharmaceutique : quels sont les effets de la croyance ? Quels sont les (autres) effets délétères d'une transparence qui chassant nos croyances par la violence d'un discours, ne laisse plus de place aux interprétations et aux fictions du sujet ? Considéré sous l'angle de notre triptyque de la connaissance, l'effet placebo illustre d'une manière remarquablement pure le fait que le mécanisme de transformation du sujet (le passage de X vers X') repose avant tout sur des mécanismes de

---

1. Une riche littérature explore les sources respectives des croyances qui sous-tendent l'effet placebo, en particulier dans le domaine de la douleur : le rôle de notre expérience est-il plus fort que celui du discours expert de l'autorité médicale ? D'élégantes expériences dissociant ces sources ont permis de mettre en évidence le rôle conjugué de ces différentes influences pour façonner nos attentes conscientes, nos croyances quant à l'efficacité de ces « médicaments ». On pourra consulter à ce sujet le chapitre 4, intitulé « The belief effect » de l'ouvrage de Dylan Evans (2004), *Placebo : Mind Over Matter in Modern Medicine*, New York, Oxford University Press.

croyance, et qu'il peut parfois opérer indépendamment du contenu de l'objet Y. Dans l'effet placebo, la valeur de Y est hors sujet, elle ne compte plus, et pourtant le sujet change, X devient bel et bien X', en vertu de sa capacité à modifier ses schémas de fictions-interprétations-croyances. Rappelons un fait trivial : l'effet placebo n'opère pas sans que le sujet ne soit informé, à tort, de l'administration d'une substance active. Pas d'effet placebo dans le coma ! De même, il disparaît dans les phases avancées de la maladie d'Alzheimer, lorsque les capacités cognitives d'élaboration imaginaire sont devenues très déficitaires. L'effet placebo est un pur effet de la croyance.

CHAPITRE 3

Neurorésistances

Nous venons d'explorer certaines des brûlures que nous inflige la transparence en suivant une progression géométrique, depuis les connaissances relatives à la sphère de notre intimité jusqu'à celles qui renvoient aux entités collectives et sociales dans lesquelles nous nous reconnaissons. Il est temps à présent de revenir au centre de tous ces cercles concentriques, c'est-à-dire au sujet lui-même, et de vérifier la pertinence de notre hypothèse centrale selon laquelle le « danger » de la connaissance reposerait *in fine* sur les risques existentiels inhérents à la transformation du sujet qui accompagne l'expérience de connaissance, et en particulier au gain de lucidité sur soi-même qui peut anéantir certaines de nos fictions identitaires. Que se passe-t-il lorsque l'objet Y de notre expérience de connaissance n'est autre que X lui-même ? Cas singulier de notre modèle, puisque la transformation du sujet X en X' affecte aussitôt l'objet Y avec lequel il s'identifie.

À vrai dire, cette question qui n'apparaît qu'à ce stade de cet essai n'est autre que l'interrogation première qui lui a donné naissance. Il y a trois ans, j'ai publié un essai sur la conscience et l'inconscient dans lequel j'élaborais une conception générale de la conscience fondée sur la faculté mentale que nous avons développée dans le chapitre consacré aux « neurosciences-fictions » : le fait d'être conscient s'accompagne d'une propension irrépressible à se raconter des histoires, à fabriquer des fictions, auxquelles nous croyons (Naccache, 2006). Peu importe qu'elles soient vraies ou fausses, ces fictions sont des fictions, c'est-à-dire des objets d'interprétations et de croyances. Nous donnons ainsi sens à nos existences, et ce sens, pour fictif qu'il soit, s'inscrit dans notre réalité mentale. Cette thèse m'a conduit à réinterpréter plusieurs champs de la pensée, au premier rang desquels la psychanalyse freudienne que j'envisage comme une théorie fictive mais néanmoins passionnante et utile, du fait même qu'elle est la première – et sans doute la plus aboutie aujourd'hui – à prendre au sérieux ces fictions que nous ne cessons de créer et qui forgent notre identité, notre ipséité, ce que nous pensons de nous-mêmes. Depuis la publication de ce livre, j'ai eu la chance et le plaisir de défendre et de discuter ces idées avec de nombreuses personnes aux opinions les plus diverses. Indubitablement, une petite frange de mes interlocuteurs, femmes et hommes souvent intelligents et cultivés, semblaient éprouver l'absolue nécessité de résister à cette idée, et plus largement au discours des neurosciences de l'esprit qui m'y avait conduit. L'idée même d'une naturalisation scientifique de notre subjectivité – c'est-à-dire d'une intégration des opérations de la vie mentale au sein des phénomènes biologiques –, de notre conscience, de notre introspection et de nos sensations les plus intimes leur était insupportable. Au-delà de mon interprétation critique de la psychanalyse, j'ai pris conscience que cette réaction de « neurorésistance » pouvait se manifester sous de multiples facettes. Il m'est ainsi apparu que la connaissance de soi, et notamment le décryptage de notre subjectivité à la lumière du discours objectivant des neurosciences de l'esprit, n'allait précisément pas de soi, qu'elle pouvait poser problème. Quelles sont les origines de cette « neurorésistance » aux multiples visages ? À quelles menaces profondes tente-t-elle de faire rempart ? C'est à partir de cette question, somme toute assez « locale », que de proche en proche la nécessité de traiter la question autrement plus gigantesque de la connaissance a finalement emporté ma conviction. Ainsi est né le projet de cet essai[1].

Comment et pourquoi résistons-nous donc aux neurosciences ? Les discours de neurorésistance dénoncent le plus souvent deux menaces associées aux neurosciences de l'esprit : la menace d'une dérive vers un nouveau scientisme et celle d'une déshumanisation en marche des sujets transformés en objets d'une technoscience moderne.

L'examen de ces deux points de vue critiques est instructif, tant sous l'angle de la pertinence de certains des arguments avancés que sous celui de la part de caricature, d'ignorance, de fantasme et de projection qui les accompagne également. Sans chercher à enflammer ici une polémique stérile, j'observe simplement que la subtilité, la vitalité intellectuelle et – osons le terme – l'humanisme d'un certain discours neuroscientifique demeurent trop souvent méconnus par de prétendus « humanistes » aux prises avec de vieux démons.

Au-delà de ces deux critiques des neurosciences, il me semble exister un troisième motif de neurorésistance, irréductible aux deux premiers. Cette forme ultime de neurorésistance apparaît à travers des argumentations ver-

---

1. Initialement, sous la forme d'un article écrit en avril 2007, qui a été publié par Marcel Gauchet dans la revue *Le Débat* dans le numéro de novembre-décembre 2008.

rouillées, fermées d'avance à toute possibilité de discussion. Certains « néodualistes » proclament ainsi avec une assurance à couper le souffle que notre subjectivité n'a tout simplement rien à faire avec l'activité de notre cerveau. Circulez ! D'autres encore utilisent un enrobage rationnel pour défendre, avec une passion souvent inaccessible à la discussion, l'idée définitive selon laquelle nous ne serons jamais capables de décoder notre subjectivité dans la lecture de l'activité cérébrale[1]. L'aspect volontiers radical, très rigide, voire agressif, de ces réactions suggère qu'elles constituent en réalité des « réactions-écrans » – à l'image des souvenirs-écrans postulés par Freud – qui reposent sur ce que nous avons déjà identifié comme un leitmotiv universel et intemporel de notre condition humaine : la connaissance de soi envisagée comme la cause d'une disparition certaine. Ainsi que nous l'avons déjà développé, si la connaissance semble intrinsèquement menacer notre existence, ces menaces ne sont jamais aussi fortes que lorsque l'objet de notre connaissance n'est autre que nous-mêmes : l'identité et le fonctionnement de notre esprit. Nous avons déjà rencontré les « obstacles » dressés contre une exploration de l'esprit, depuis les obscurantismes religieux jusqu'aux multiples formes de dualisme. D'une résistance l'autre, certaines explorations du déterminisme de l'esprit telles que la psychanalyse de Freud, qui luttait alors contre certaines résistances, peuvent parfois être réinvesties un siècle plus tard par des tenants de la résistance cette fois, qui proclament ainsi un nouveau dogmatisme contre l'exploration du psychisme. L'ensemble de ces injonctions répétées au respect inviolable de l'opacité qui recouvre la vie de notre esprit me semble véhiculer une

---

1. En faisant appel, par exemple, au concept mathématique d'incomplétude de Gödel ou au principe d'incertitude quantique de Heisenberg.

signification ultime : la frayeur terrifiante de ne plus trouver de refuge dans nos fictions conscientes, source de notre liberté. Prendre le risque de mettre au jour la nature fictionnelle de nos propres représentations de ce que nous sommes, ne revient-il pas à s'acheminer docilement vers une forme d'annihilation psychique et de suicide ?

Cette idée était déjà présente chez Nietzsche dans *La Naissance de la tragédie* (Nietzsche [1872], 1986) lorsqu'il écrivait : « La connaissance tue l'action ; pour agir, il faut être enveloppé du voile de l'illusion. [...] Ce n'est pas la réflexion, non, c'est la connaissance vraie, la vue exacte de l'effroyable réalité qui l'emporte sur tous les motifs d'action [...]. À présent, aucune consolation n'agit plus, le désir s'élance au-delà d'un monde d'après la mort, au-delà des dieux eux-mêmes ; ce qu'on nie, c'est l'existence elle-même et le brillant reflet qui en subsiste dans la personne des dieux ou dans l'immortalité de l'au-delà. Conscient de cette vérité une fois aperçue, l'homme ne voit plus partout que l'horreur ou l'absurdité de l'être [...]. »

Une réponse possible à cette source profonde de neuro-résistance me semble résider très précisément dans la littérature et dans la culture entendues comme univers de représentations du monde et de nous-mêmes qui nous permettent de continuer à fonctionner avec nos fictions, tout en ne les prenant pas pour ce qu'elles ne sont pas et ne seront jamais : des paroles absolument exactes interdisant le jeu social et la liberté de pensée. Si ce que je crois et pense est nécessairement exact, il n'y a pas de place pour d'autres idées ni pour d'autres individus porteurs de pensées contradictoires. Je peux donc apprendre à savoir que ce que je pense est à la fois fictionnel et vital pour moi, sans que cela remette en cause qui je suis et qui sont les autres. Ou comment le désir de connaissance, qui pouvait nous effrayer par son pouvoir mortifère, peut faire jaillir une source précieuse de liberté mentale et sociale. Une apologie de la connaissance peut-elle sérieusement faire l'économie de cette lucidité sur les menaces qui l'accompagnent, étape indispensable à toute possibilité de s'en affranchir ? Nous y reviendrons.

CHAPITRE 4

Darwino-résistances

La résistance aux neurosciences n'est pas isolée. Il existe d'autres formes de réactions protectionnistes au discours scientifique, d'autres résistances qui se déploient en plein cœur de notre « société de la connaissance ». La « darwino-résistance » constitue l'une des plus puissantes d'entre elles. Là où les « neurorésistances » ciblaient la question de l'identité du sujet, c'est-à-dire le centre géométrique de notre métaphore des cercles concentriques de la connaissance, la « darwino-résistance » vise, quant à elle, l'origine et le sens profond du vivant, ainsi que la signification même de l'Univers considéré dans son intégralité ! Je veux parler de la réaction aux données de la biologie, et plus particulièrement aux développements de la théorie de l'évolution naturelle des espèces, c'est-à-dire du darwinisme contemporain.

La révolution darwinienne, sans doute la plus déstabilisatrice des grandes théories scientifiques, postule que l'évolution des espèces vivantes n'est régie par nul plan visionnaire, par aucun projet téléologique, par aucune intention cachée. Bien au contraire, elle est explicable à la seule lumière des mécanismes de sélection qui guident, de manière aveugle et non supervisée, l'adaptation et les modifications des constituants innés du déterminisme génétique des individus. « Le hasard et la nécessité » remplacent ici une lecture trop littérale de millénaires de gloses mystiques et théologiques. Ironie du sort, les dés ont eu raison de Dieu qui, comme chacun sait, « ne joue pas aux dés » ! Le vivant a sa logique que le divin ignore, et qui ignore le divin. L'histoire de l'onde dévastatrice des géniales théories de Lamarck et Darwin a déjà été racontée, tout comme l'ont été les développements les plus récents de cette merveilleuse construction intellectuelle (voir notamment Gould, 2006).

Ce qui nous intéresse ici, c'est que, préalablement à cette extraordinaire découverte, les conceptions qui dominaient la plupart des esprits étaient de nature créationniste, c'est-à-dire qu'elles partageaient l'idée générale d'une création de l'Univers par un être intelligent. Les grandes religions monothéistes sont par essence créationnistes, c'est-à-dire qu'elles pensent le monde en se le représentant comme étant le fruit d'une création divine, d'un projet guidé par une intention signifiante qui transcende les contingences immédiates. Ce n'est pas ici le lieu de développer la complexité des formes de créationnisme religieux qui ont été formulées par les différents courants des trois monothéismes. Que l'Univers ait un sens est ici la clé de voûte de ces systèmes de croyance religieuse. Que ce sens soit ou non accessible à l'intelligence du croyant est une autre question. Retenons simplement que l'Univers se voit attribuer une signification à travers sa création intentionnelle par Dieu.

Comment ces modèles mentaux ont-ils été modifiés par la découverte de Darwin et par ses prolongements contemporains ? Au prix de transformations longues et parfois douloureuses, les Églises ont elles-mêmes procédé à une révolution conceptuelle qui leur a permis de se rapprocher de leur vocation véritable : proposer une lecture du sens de l'existence humaine, sans nourrir pour autant la moindre ambition scientifique ou historique. Cette conception d'un discours religieux éthique et non scientifique, conception qui est assez profondément ancrée dans le judaïsme talmudique et dans ses développements ultérieurs, semble aujourd'hui approchée et partagée par de nombreux clergés dont le catholicisme romain. Depuis le concile de Vatican II ouvert par le pape Jean XXIII en 1962, de nombreux ecclésiastiques ont ainsi défendu l'idée que la théologie n'avait nulle vocation à contredire les théories scientifiquement établies, ni à se contorsionner pour chercher la moindre compatibilité entre leurs discours et celui de la science moderne. Le 22 octobre 1996, soit cent trente-sept ans après la publication de *L'Origine des espèces* en 1859, le pape Jean-Paul II a rappelé dans son intervention devant l'Académie pontificale des sciences que l'Église avait déjà affirmé à travers la voix de Pie XII (encyclique *Humani generis*, 1950) que « de nouvelles connaissances conduisent à reconnaître dans la théorie de l'évolution plus qu'une hypothèse ». Cette évolution des idées semble également exister dans la théologie musulmane[1]. L'évolution de nos connaissances a ainsi permis de favoriser le développement d'une certaine forme de sagesse religieuse qui est aujourd'hui partagée par de nombreux clergés. Galilée aurait eu matière à se réjouir en constatant avec nous la révolution intellectuelle opérée au sein même de l'Église catholique en quelques siècles. Vive la connaissance !

Pour autant, la diffusion des progrès scientifiques n'a-t-elle produit que ce type de transformation des mentalités

---

1. On pourra, à ce sujet, consulter par exemple *L'Islam expliqué* (Perrin, 2007) de Malek Chebel, qui illustre l'émergence d'une pensée religieuse musulmane conciliée avec la modernité. Voir aussi son interview par Henri Tincq dans *Le Monde* (9 février 2007) intitulée « Question à Malek Chebel : "L'islam n'a pas à avoir peur du darwinisme" ».

religieuses ? Vous ne serez plus surpris de constater que tel n'est pas le cas.

Un puissant mouvement néocréationniste essentiellement issu de cercles protestants fondamentalistes nord-américains défend depuis quelques années l'idée selon laquelle « certaines observations de l'Univers et du monde du vivant sont mieux expliquées par une cause intelligente que par des processus aléatoires tels que la sélection naturelle[1] ».

Reprenant le bâton de pèlerin des ecclésiastiques du temps de Galilée, ces hommes et ces femmes prétendent détenir une théorie alternative qui rendrait compte des données empiriques sans violer une lecture littérale de la Bible : la Terre a 5 769 ans, les dinosaures étaient contemporains des humains, la génération spontanée des animaux et des êtres humains eut lieu en l'espace de vingt-quatre heures... Les adeptes de cet *Intelligent Design*, ainsi qu'ils décrivent leur courant de pensée, inscrivent le sens premier du texte biblique de la Création dans une réalité historique. Ils s'évertuent à donner une forme « scientifique » à leur projet tout en procédant à l'encontre de toute aventure scientifique. Là où les chercheurs scientifiques interrogent le réel par l'observation et l'expérience, et testent leurs intuitions en n'ayant cesse de mettre à jour leurs modèles théoriques, les néocréationnistes cherchent à forcer le réel, à lui faire épouser la forme rigide d'une solution connue d'avance ! Certains des théoriciens de cet *Intelligent Design* sont réunis dans un *think tank* dont le nom illustre d'ailleurs merveilleusement cet amalgame : The Discovery Institute, Institut de la « découverte » ? Un institut de la « révélation » ou de la

---

1. On pourra lire en détail le contenu en anglais de cette thèse dans le document du Discovery Institute intitulé « The Wedge », téléchargeable à partir du site suivant : http://www.antievolution.org/features/wedge.pdf

« confirmation » aurait eu le mérite de la cohérence, pourquoi préférer la « découverte » ? Parce que la « découverte » est ici conçue comme la simple confirmation d'une croyance prise au pied de la lettre et dont les moindres recoins sont déjà connus par cœur par ceux qui la professent. Ainsi semble agir le néocréationniste, mû non pas par la recherche d'une vérité qui resterait à découvrir et à penser, mais plutôt par une logique dont la violence consiste à inscrire la « vérité » à laquelle il croit déjà, sa « vérité », dans le langage d'un discours vierge de toute croyance. Exemple lumineux d'une fiction aveugle à elle-même, et d'un mode de fonctionnement qui redoute et déteste l'imaginaire. La déformation pourrait être simplement désolante, voire risible, elle est d'une certaine façon assez terrifiante.

Washington Post, édition du 3 août 2005, le président en fonction George W. Bush met sur le même plan la théorie de l'évolution et le discours dogmatique de l'*Intelligent Design* et prône l'enseignement de ce dernier à l'école, au titre de l'ouverture culturelle : « Les deux devraient être correctement enseignés [...] afin que les gens puissent comprendre de quoi relève le débat. »

USA Today, édition du 31 août 2008, déclaration de Sarah Palin, candidate au poste de vice-présidence des États-Unis d'Amérique, et donc présidente potentielle de la première puissance mondiale, qui affirme que :

« La théorie de l'*Intelligent Design* est plausible et crédible selon moi, et elle devrait être enseignée. »

Enseigner aux enfants, sur un pied d'égalité, voire avec une plausibilité supérieure, la « théorie » créationniste et la théorie de l'évolution naturelle. Discuter ici les contributions respectives de l'intime conviction de la candidate et du discours manipulateur à travers lequel elle chercherait à s'assurer les voix de millions de néocréationnistes est hors sujet.

Dans tous les cas, nous constatons que cette forme de « darwino-résistance » concerne déjà des millions d'esprits. Si l'on se réfère d'ailleurs au plan de prosélytisme-propagande de ce courant – plan construit rigoureusement sur le modèle des stratégies marketing contemporaines –, on pourra clairement lire ses objectifs à court et long terme dans le programme du Discovery Institute[1] :

« *Objectifs principaux :*

• Vaincre le matérialisme scientifique et ses héritages moraux, culturels et scientifiques.

• Remplacer les explications matérialistes par la compréhension théistique que la nature et l'être humain sont créés par Dieu.

Objectifs sur cinq ans :

• Voir la théorie du dessein intelligent devenir une alternative acceptée dans les sciences, et des recherches scientifiques menées depuis la perspective de la théorie du dessein.

• Assister au commencement de l'influence de la théorie du dessein dans des sphères autres que la science naturelle.

• Voir de nouveaux débats majeurs dans l'éducation, les sujets relatifs à la vie, la responsabilité pénale et personnelle poussées au front de l'agenda national.

Objectifs sur vingt ans :

• Voir la théorie du dessein intelligent comme la perspective dominante dans la science.

• Voir des applications de la théorie du dessein dans des champs spécifiques incluant la biologie moléculaire, la biochimie, la paléontologie, la physique et la cosmologie dans les sciences naturelles ; la psychologie, l'éthique, la politique, la théologie, la philosophie, et les matières littéraires ; voir son influence dans les arts. »

---

1. *Ibid.*

Le prosélytisme ancien est mort, vive le prosélytisme nouveau ! L'*Intelligent Design* pourrait-il n'être qu'une « simple » particularité nord-américaine qui ferait écho à la profonde religiosité naïve et décomplexée qui anime depuis ses origines l'histoire des États-Unis d'Amérique ? Cette religiosité singulière que l'on rencontre chez les premiers colons puritains du *Mayflower*, chez les pères fondateurs de la Constitution très majoritairement protestants, celle que l'on peut lire et entendre dans la devise nationale des États-Unis adoptée en 1956 et inscrite sur chaque dollar : « *In God we trust.* » Cette religiosité que l'on voit à l'œuvre dans l'atmosphère étonnante des gospels ou dans le télévangélisme. Bref, ce phénomène de « darwino-résistance » n'aurait-il trouvé de terreau fécond qu'au seul pays de Walt Disney et de Billy Graham ?

Un article du *Monde* signé par Jean-Pierre Stroobants le 7 février 2008 suggère que tel n'est pas le cas en faisant mention d'une enquête d'opinion qui révélait, par exemple, que 20 % des Belges croyaient au créationnisme dans la version « radicale » que nous venons de détailler. Un rapport du Conseil de l'Europe intitulé « Les dangers du créationnisme dans l'éducation », dont le rapporteur originel était le sénateur français Guy Lengagne, n'a été finalement adopté qu'en octobre 2007 dans une version révisée et expurgée des passages les plus explicites, au terme de plusieurs mois de discussions tendues entre défenseurs et pourfendeurs du créationnisme et du Dessein intelligent. En France également, plusieurs cercles et mouvances développent un discours relié de manière plus ou moins directe à ces courants néocréationnistes.

Bref, la diffusion et la vulgarisation, même intelligente, d'idées scientifiques susceptibles de faire naître un sentiment de doute ou d'instabilité dans certaines croyances existentielles, ici religieuses, continue à rencontrer dans notre « société de la connaissance » certaines résistances mentales dont l'ampleur socioculturelle est parfois stupéfiante. Au-delà de cette « darwino-résistance », les phénomènes très variés que nous avons rencontrés à travers les brûlures de la transparence et la « neurorésistance » partagent un point commun : ils ne semblent pas relever uniquement d'un simple défaut d'éducation ou d'accès à la connaissance, autrement dit d'un « inachèvement » transitoire de la société de la connaissance. Ces symptômes apparaissent tenaces et structurels. Aussi efficace soit-elle, la « société de la connaissance » n'est peut-être pas tout à fait fidèle à l'image d'Épinal que nous nous plaisons à entretenir.

CHAPITRE 5

L'information
et la connaissance confondues

Nous ouvrions la troisième partie de ce livre en formulant le paradoxe contemporain qui existe entre, d'une part, une apologie volubile des bienfaits univoques de la société de la connaissance et, d'autre part, la persistance d'évidentes brûlures et de solides résistances au déploiement de la connaissance. Résolus à explorer les deux termes de ce paradoxe, nous avons débusqué sous notre « société de la connaissance » autoproclamée, une société de l'information qui se prend à rêver d'être ce qu'elle n'est pas encore. De leur côté, les brûlures de la transparence et les motifs de résistance à la connaissance nous ont permis de vérifier la pertinence de notre modèle théorique (X, X', Y), en actualisant les menaces existentielles que la connaissance continue à faire peser sur les fictions-interprétations-croyances des sujets que nous sommes.

Il est possible à présent de formuler une hypothèse explicative capable de résoudre ce paradoxe : nous avons une propension marquée à confondre la connaissance avec l'information, aux dépens du sujet. Nous réduisons aujourd'hui l'expérience de la connaissance – qui présuppose le sujet (X) et surtout sa transformation possible (X $\rightarrow$ X') –

, au seul objet informationnel (Y) qui sera le support de cette expérience subjective. Lorsque la connaissance est ainsi réduite aux informations qui en sont l'objet, la transparence devient un objectif non seulement revendiqué, mais également un objectif logique, nécessaire, voire ultime. D'où la confusion entre la société de la connaissance et la société de l'information.

Cette confusion permet également de comprendre pourquoi nous ne faisons pas usage des « mauvaises solutions » des temps passés : obsédés par l'information et ayant perdu la trace du sujet dans le schéma de la connaissance, comment pourrions-nous nous inquiéter de ses brûlures et chercher à les prévenir ? Et pourtant, ainsi que nous l'avons suffisamment constaté, les « brûlures de la connaissance » et les résistances à son développement n'ont pas disparu, loin de là ! Ce qui nous conduit à saisir maintenant l'essence profonde de ce « malaise contemporain » : en confondant la connaissance avec l'information, nous avons inventé une « mauvaise solution » contemporaine qui prend le contre-pied de celles qui l'ont précédée mais qui n'en est pas moins efficace. Notre apologie béate de la connaissance n'est en réalité que celle de l'information, déguisée en connaissance. C'est-à-dire que plutôt que de nous en prendre directement à la connaissance, comme les sociétés qui nous ont précédés, nous procédons à son élimination pure et simple tout en croyant prendre sa défense : « Vive la connaissance ! » clamons-nous sans cesse, tout en enterrant la place du sujet, et en nous livrant ainsi à un authentique culte de l'information. Une connaissance amputée du sujet est une connaissance dénaturée. D'une certaine manière la connaissance n'a jamais été aussi en danger que depuis que nous la célébrons à l'unisson pour ce qu'elle n'est pas. Cette confusion ne relève pas de la mauvaise foi, ou sinon d'une mauvaise foi

au sens propre, c'est-à-dire qu'en toute innocence nous ima-
ginons discourir de la connaissance lorsque nous parlons en
réalité uniquement de l'information. Paraphrasant Einstein
qui n'hésitait pas à adopter l'opinion du génial physicien
Boltzmann en écrivant que, « dans l'intérêt de la clarté, il
m'a apparu inévitable de me répéter souvent, sans me sou-
cier le moins du monde de donner à mon exposé une forme
élégante[1] », je me range à mon tour à l'opinion de ces deux
géants. Cette notion de « mauvaise solution » que nous
avons utilisée tout au long de cet ouvrage ne répond pas à
une vision paranoïaque ni à une théorie du complot : à
chaque époque, ces réactions de protection aux menaces de
la connaissance ne sont pas l'œuvre d'un petit comité de
pilotage secret et surhumain qui les imposerait aux masses
humaines. Ces « mauvaises solutions » sont des constructions culturelles et sociétales façonnées par l'histoire des
civilisations. Tout comme il n'existe nulle part dans le cerveau une petite zone qui abriterait un « malin génie » qui
commanderait à toutes les autres régions dont cet organe est
constitué. Dans le corps humain comme dans le corps
social, certaines propriétés de fonctionnement sont le fruit
d'un processus émergent qui résulte de l'activité combinée
d'une multitude d'agents opérant dans un contexte historique, biographique et social déterminé. Bref, notre tendance à confondre la connaissance et l'information serait le
fruit de notre histoire récente. La thèse que nous proposons
ici saurait-elle également expliquer les raisons pour lesquelles nous en serions arrivés à cette confusion ? Du pourquoi au comment : quelles causes ont pu présider à son
avènement ? Devrions-nous la considérer comme un accident

---

1. Dans la préface de l'ouvrage *La Relativité* d'Einstein (1956, 1983), traduit et
publié en poche en français aux éditions Payot.

de l'histoire de la pensée, ou plutôt comme une étape prévisible, voire comme une étape nécessaire et susceptible d'être dépassée ? Et surtout : *Quo vadis ?* Vers où guider nos pas à présent ? Avons-nous la possibilité de faire évoluer notre société d'information vers une forme plus proche de ce que devrait être une authentique société de la connaissance ?

Je parviens à identifier quatre facteurs qui ont pu, de concert, favoriser cette assimilation de la connaissance à l'information, dont la victime collatérale ne fut autre que le sujet, c'est-à-dire chacun d'entre nous !

Au commencement étaient les Lumières

L'âge des Lumières fut le point de départ de la dure quête pour l'accès à l'information, point de départ dont l'aboutissement actuel aurait très certainement donné le vertige à Diderot, Rousseau, Voltaire ou Montesquieu face à l'extraordinaire accomplissement opéré en deux siècles. Retour aux origines donc, c'est-à-dire aux Lumières. Lorsque nous sommes engagés dans un combat qui exige de nous un investissement total face à un adversaire redoutable, l'heure n'est pas aux subtilités qui n'affectent pas de manière immédiate l'issue du combat. Pendant le XVIIIe siècle européen, le combat principal se livrait sur le champ du décloisonnement radical des objets de la connaissance. Briser les barrières jalouses du savoir, offrir ces trésors à chaque citoyen, depuis le Louvre transformé en musée permanent ouvert au peuple quelques années après la Révolution française, jusqu'à l'*Encyclopédie* de Diderot et d'Alembert, là se situait le combat. Face à l'immensité de la tâche, face aux menaces proférées à son encontre, à l'incertitude de sa pérennité, il aurait été malvenu, voire ridicule et même franchement lâche de freiner les efforts des encyclopédistes en cherchant à les sensibiliser au fait que l'accès au savoir ne réglerait pas tout, et que la connaissance demeurerait intrinsèquement menaçante ! Toutefois, il est permis de s'interroger : à refuser de prendre en compte les menaces qui lui sont néanmoins inhérentes, les Lumières auraient-elles pu contribuer, aussi indirectement qu'involontairement, à l'explosion des horreurs idéologiques des siècles qui les ont suivies, siècles aveuglés par un scientisme social et politique dont on connaît à présent les aboutissements ? En d'autres termes, on peut se demander si l'activisme intellectuel des Lumières qui proclamaient l'innocuité de la connaissance, et qui invitaient les hommes à en faire un usage illimité et généralisé, n'était pas lui-même porteur d'une menace bien plus forte que les anciens discours dominants qui dévalorisaient la connaissance en faisant appel aux multiples ressorts que nous avons déjà mentionnés. Métaphoriquement, si la connaissance était une étroite passerelle en bois suspendue au-dessus d'un profond précipice, protégée par deux petites cordes latérales en guise de rambardes, les anciennes « mauvaises solutions » qui précédaient l'âge des Lumières pourraient se résumer à des panneaux d'interdiction posés devant cette passerelle : « Passage interdit ! Danger de mort ! » À l'inverse, le mouvement des Lumières aurait remplacé ces impératifs négatifs par une injonction positive : « Passage fortement recommandé, dépourvu de tout danger ! », et comme pour convaincre plus encore les passants de l'innocuité tout récemment annoncée de cette ancienne passerelle si redoutée jusqu'alors, les rambardes auraient été retirées. Aux quelques rares accidents sur une passerelle peu fréquentée, protégée et déconseillée par de nombreux avertissements, auraient succédé les innombrables chutes d'un lieu bien plus fréquenté et moins bien protégé. En luttant contre le cloisonnement du savoir, les philosophes des Lumières avaient raison de saisir à bras le corps les objets de connaissance afin de les offrir à tous. En luttant contre l'obscurantisme, ils sont parvenus à chasser cette peur de connaître des esprits de leurs contemporains, ce qui est à proprement parler extraordinaire. Toutefois, la simple juxtaposition de ces deux « faits d'armes » aurait dû leur suggérer que la connaissance ne se résume pas aux objets de savoir, puisqu'elle implique également les esprits et les croyances subjectives des acteurs en jeu. Autrement dit, il ne suffit pas d'écrire l'*Encyclopédie* et de s'assurer de sa diffusion dans la société pour être certain de la progression de la connaissance.

Davantage qu'un « oubli » de la prise en compte de la subjectivité, argument imbécile du fait de la profondeur intellectuelle de ce mouvement, on peut penser qu'il s'agirait plutôt d'un excès d'optimisme : la mise à disposition des objets de connaissance suffira, devaient-ils estimer. Il semble d'ailleurs, ainsi que l'explique par exemple Tzvetan Todorov (2006), que certains penseurs, dont Rousseau et Montesquieu, avaient une conscience aiguë des possibles conséquences sociopolitiques des Lumières : « Le bien et le mal coulent de la même source », écrivit Rousseau. Ainsi que l'écrit Todorov : « Pour rendre l'humanité meilleure, répète inlassablement Rousseau, il ne suffit pas de "répandre les lumières". »

Cette dure quête de l'accès aux objets de la connaissance s'est poursuivie après les Lumières, en se fixant des objectifs de plus en plus difficiles à atteindre. La généralisation de la scolarisation et la lutte contre l'analphabétisme des misérables fut l'un des combats les plus nobles et les plus difficiles du XIXe siècle européen, notamment en France. « Celui qui ouvre une porte d'école ferme une prison », martelait Victor Hugo avec raison. Allait-on retenir son élan en lui faisant remarquer que cet objectif était effectivement fondamental, mais qu'il ne permettrait pas de régler de manière définitive le problème de la violence et du mal ? Que certains tortionnaires nazis réciteraient des vers de Goethe et écouteraient des sonates de Beethoven en assassinant des femmes et des enfants ? Que les dix-neuf auteurs identifiés des attentats du 11 septembre 2001 n'étaient pas tous de sombres brutes illettrées et défavorisées, mais qu'au contraire la plupart d'entre eux étaient de jeunes hommes issus de milieux aisés, titulaires de diplômes universitaires de deuxième, voire de troisième cycle en droit, en ingénierie ou en architecture ? Bref, que l'accès aux objets de la connaissance n'est pas en soi un rempart contre la barbarie et l'horreur ? Non, il fallait évidemment continuer à crier avec Hugo : « Celui qui ouvre une porte d'école ferme une prison. » À l'heure où c'était « Mozart qu'on assassin[ait] » tous les jours, à l'heure où des millions d'enfants ne bénéficiaient pas d'une instruction minimale, il était absolument impératif et urgent de centrer les efforts pour la lutte en faveur de l'accès de tous, de l'accès de chacun, aux savoirs. On comprend ainsi pourquoi et comment notre attention s'est progressivement focalisée sur les objets du savoir plutôt que sur la condition du sujet qui se livre à l'exercice de la connaissance. Pendant la seconde moitié du XXe siècle, ce combat pour l'accès aux informations s'est prolongé sous une nouvelle forme dans nos sociétés démocratiques occidentales. La construction d'une civilisation aménagée pour la diffusion, la circulation et l'échange de l'information a capturé toute notre attention. La naissance des outils de mass media, le développement de l'informatique, l'invention des micro-ordinateurs, la mise au point de supports numériques de l'information, la naissance des premiers réseaux informatiques, celle des autoroutes de l'information, puis la révolution d'Internet... Là encore, notre attention s'est massivement portée sur la maîtrise et l'amélioration des objets de la connaissance, c'est-à-dire de l'information, au détriment du sujet sur lequel s'impriment toutes ces informations, du sujet qui est en proie au vertige de la mise à jour de son système de fictions-interprétations-croyances. La dure quête de l'information n'est sans doute pas terminée, et là encore de nombreuses inégalités d'accès à l'information et de son utilisation persistent (Collectif, 2006). Afin de lutter contre ces inégalités, notre vigilance et notre engagement de citoyens sont indispensables. Néanmoins, j'ai le sentiment qu'il est aujourd'hui temps de réparer ce déséquilibre. Aux côtés de la quête de l'information, il nous faut reprendre là où nous l'avions abandonnée la quête du sujet, c'est-à-dire la prise en compte explicite des mécanismes de transformation de notre subjectivité qui sont à l'œuvre dans la connaissance, ainsi que des problèmes inhérents à ces mécanismes. Une société de la connaissance digne de ce nom devra réaliser cette quête, après avoir brillamment su assurer une plus grande transparence de l'information. D'une certaine manière, l'avènement de cette société de la connaissance appelée de nos vœux sera une révolution plus délicate à conduire que la précédente, car il n'y a pas vraiment d'adversaires ni de recettes identifiés, mais simplement une prise de conscience de ce qu'est l'essence véritable de la connaissance. Cette révolution ne pourra se limiter à la mise en pratique des paroles des Anciens dont nous avons relu les mythes et les récits. Elle devra se construire sur l'ossature inédite de la société de l'information.

La technique efface le sujet

Un second facteur qui me semble avoir contribué à ce détournement de notre attention vers l'information au détriment du sujet me semble provenir de la dimension technique et technologique de notre civilisation. Nous venons de considérer que ce qui fonde la subjectivité du sujet n'est autre que le jeu de croyances, d'interprétations et de constructions fictives conscientes qui le définissent comme un être à nul autre pareil. Il est possible d'opérer une distinction entre les forces qui vont favoriser l'éclosion de notre subjectivité, et celles qui vont la faire involuer. La culture constitue la principale de ces forces favorables, en nous aidant précisément à prendre conscience de la couche de subjectivité qui entoure chacune de nos pensées conscientes, chacune de nos perceptions. « Je pense, donc je suis », disait Descartes. « Je est une fiction », chantent les écrivains depuis l'invention du roman. Savoir que l'on existe dans une vie de phénomènes, au sens où Kant l'entendait, et que la vie des noumènes, des objets du monde réel, existe mais que nous n'y avons accès que par l'intermédiaire de la couche de la vie phénoménale. Magritte nous le signalait à sa façon : « Ceci n'est pas une pipe. » En effet, ce que je perçois comme une pipe, c'est déjà une représentation mentale de l'objet pipe et non l'objet lui-même. Une représentation, un processus mental abstrait entaché de mes attentes, de mes croyances, de mes reconstructions, de mes déformations, voire de mes fantasmes. Une pipe pour tous, chacun sa représentation ! Voilà le chemin de la culture, le chemin également de la tolérance dès lors que l'on a conscience que nos représentations ne sont pas le réel extérieur : ma représentation du réel ne peut évidemment pas épouser les mêmes contours exacts que la tienne ou la sienne, sans que cela remette nécessairement en question la place de chacune d'entre elles. Culture, conscience des représentations et de la subjectivité. Tout ce qui concourt à favoriser cette lucidité fait le jeu de la construction du sujet. La technique ne fait pas cela. La technique est ici trompeuse. Par la technique, je transforme le monde d'une manière incomparable, et je suis du même coup hypnotisé par la puissance de son efficacité. Heidegger le premier a insisté sur la « question de la technique » en y voyant un mode de révélation qui dévoilerait l'essence même de la nature (Heidegger [1954], 1980). Heidegger donne ainsi l'exemple d'une centrale posée sur le Rhin :

« La centrale électrique est mise en place sur le Rhin. Elle le somme de livrer sa pression hydraulique, qui somme à son tour les turbines de tourner. Ce mouvement fait tourner la machine dont le mécanisme produit le courant électrique, pour lequel la centrale régionale et son réseau sont commis aux fins de transmission. Dans le domaine de ces conséquences s'enchaînant l'une l'autre à partir de la mise en place de l'énergie électrique, le fleuve du Rhin apparaît, lui aussi, comme quelque chose de commis. La centrale n'est pas construite dans le courant du Rhin comme le vieux pont de bois qui depuis des siècles unit une rive à l'autre. C'est bien plutôt le fleuve qui est muré dans la centrale. Ce qu'il est aujourd'hui comme fleuve, à savoir fournisseur de pression hydraulique, il l'est de par l'essence de la centrale. »

De l'eau a coulé devant la centrale, et dans le lit du Rhin, depuis ces paroles de Heidegger, publiées en 1954, qui cristallisaient un processus à l'œuvre depuis la fin du XIXe siècle. Notre rapport à la technique a eu le temps d'évoluer et, d'une certaine manière, nous avons appris à nous accommoder de la technique, à nous familiariser avec elle, jusqu'à devenir aujourd'hui presque capables de la domestiquer, de la mettre au service de nos attentes de citoyens, et de ne plus demeurer interdits, pleins de « stupeur et tremblements » devant sa surprenante puissance. Toutefois, il est certain que nous avons reçu en héritage ce rapport premier à la technique, et que cet héritage n'est pas resté confiné aux seuls traités de philosophie. Il a su gagner l'esprit de notre conscience collective à travers des œuvres aussi influentes que *Les Temps modernes* de Chaplin, dont les chaînes de montage et les engrenages diaboliques sont toujours ancrés dans nos mémoires, ou que le prophétique *Metropolis* de Fritz Lang qui mettait en scène ces masses d'individus sacrifiés sur l'autel de Moloch, fascinante et terrible créature enfantée par la technique. Aussi, il me semble pertinent d'analyser ce que ce rapport fondateur à la technique a imprimé à nos esprits. J'aimerais interroger cette dimension originaire de la technique, afin de la « sommer » de nous dire ce qu'elle doit nous dire quant à la question de la subjectivité. Quel fut l'effet de la technique sur notre conscience de sujets, lorsqu'elle fit une irruption soudaine dans notre vie quotidienne, au cours de la première moitié du XXe siècle ? Victime du fameux « syndrome de Zelig » de Woody Allen, je suis « commis » à mon tour, « *sommé* » de me transformer – le temps de cet exercice ! – dans la peau et l'esprit d'un néo-heideggerien habité par les paroles enflammées du maître de Fribourg-en-Brisgau :

« J'ouvre les yeux, je vois le Rhin. J'ai conscience du Rhin, euh de ma représentation mentale du Rhin. Le Rhin est imposant. Sa réalité s'impose à moi. Le Rhin existe. Je tourne la tête et je vois la centrale. La centrale elle aussi est imposante, la centrale est énorme, la centrale est bruyante, elle impose au Rhin sa raison d'être. Bref, le Rhin existe, mais d'une certaine façon la centrale existe plus encore. J'ai toujours les yeux ouverts, et ma conscience est tout entière absorbée par la contemplation de ces deux monstres d'existence que sont le Rhin, objet naturel, et la centrale, ouvrage technique qui transcende le fleuve. Je n'en peux plus. Mon souffle est coupé. Le Rhin et la centrale existent. Qu'est-ce qui peut exister d'autre dans le voisinage immédiat de ces deux géants qui absorbent toute la puissance d'existence environnante ? Mais il y a moi, moi qui contemple le Rhin et la centrale. J'existe aussi, à ma façon. Mais au fait, quelle est ma façon d'exister ? Sommé moi aussi par la centrale qui a imprimé au Rhin son nouveau destin, je suis à mon tour domestiqué par elle. Je m'explique. À la question "comment est-ce que j'existe ?", la centrale et le Rhin attirent toutes mes facultés sur la puissance du réel : réel initial qui est le Rhin, réel final qui est la centrale qui imprime au Rhin sa nouvelle existence, tout se joue donc dehors, en dehors de moi, en dehors de mon esprit, dans le "réel". Moi-même, je suis sommé par la centrale de n'exister que dans ce cycle en prise directe sur le réel : le réel est dehors, et j'agis sur le réel par le biais de la technique qui me permet de domestiquer le réel. Ce sont mes semblables qui ont construit la centrale. Donc l'existence de l'homme que je suis se joue bien ici, et seulement ici, dans la prise sur le réel, dans l'action sur le réel. Entre le réel qui me préexiste et le nouveau réel que j'imprime grâce à ma technique, il n'y a rien d'autre qui mérite mon intérêt. Cette boucle sur le réel court-circuite ainsi le sujet, c'est-à-dire efface ce qui le constitue comme être de croyances, d'interprétations et de fictions. La force de l'action directe sur le réel, sur le noumène, renforce considérablement l'aveuglement premier de l'homme à ses propres représentations. La technique nous pousse à croire que nous sommes en prise directe sur les noumènes, et détourne notre attention des phénomènes, de cette couche dans laquelle se joue notre existence. Arrachons-nous à cette vision de la centrale électrique. Tournons-nous vers les plaines du Rhin. Je vois une fleur à présent. Lorsque je la regarde, puis que je ferme les yeux et que je l'imagine, je peux alors faire connaissance avec mes fantaisies et mon imagination, avec ma capacité à colorer la fleur, à la modifier, à la transformer en papillon ou en quelque autre objet au gré de mes pensées, je peux commencer à sentir la force de ma vie mentale intérieure, de ma construction subjective du monde et de moi-même. La technique, en captivant puissamment notre attention sur la réalité extérieure – la réalité que nous percevons et que nous transformons – nous pousse très précisément vers l'opposé. Sa force d'attraction sans pareil ne nous laisse plus la liberté de fermer les yeux, et de constater que j'existe alors encore, mais d'une autre manière. La technique rend le sujet négligent à ce qui le constitue précisément comme sujet singulier. Comme un soleil de midi dont l'intense lumière nous empêche de percevoir le rayonnement discret des étoiles du ciel, la puissance de la technique nous fait perdre conscience de ce qu'est une représentation, de ce qu'est l'essence même de notre perception et de notre pensée. La technique nous absorbe. La technique nous produit sous une forme naïve, sous une forme prékantienne, sous une forme acculturée. La puissance de la technique nous empêche de distinguer ma représentation de la centrale, de celle de tous les autres humains qui m'entourent et qui la contemplent avec moi. Nous ne croyons plus vivre dans des univers de phénomènes, non, nous croyons vivre avec les noumènes, et n'être *in fine* nous-mêmes que des noumènes. Au diable la subjectivité ! »

Ainsi considérée, la technique accapare notre attention sur la transformation des objets, et non sur celle du sujet : autrement dit XYY' !

Une dernière remarque. Cela fait déjà plusieurs décennies pourtant que la centrale électrique posée sur le Rhin ne nous enferme plus dans une fascination tétanisante, et qu'elle est devenue l'objet de nos préoccupations écologiques et environnementales, mais il n'empêche, la technique n'en continue pas moins de nous délivrer son message « désubjectivant » et de l'ancrer parmi nos représentations partagées et transmises.

Le progrès scientifique efface le sujet

Malgré son humanisme et sa grande noblesse intellectuelle, le progrès scientifique me semble néanmoins contribuer lui aussi à cet effacement du sujet du cadre même de la connaissance, à travers un mécanisme en deux temps. Les grandes découvertes scientifiques ont été indéniablement porteuses de révolutions intellectuelles et existentielles, de changement de paradigme au sens kuhnien du terme (Kuhn, 1982). Les conceptions du cosmos, du vivant ou de l'homme ont été révolutionnées avec les découvertes de Kepler, Galilée, Newton ou Einstein, avec celles de Harvey, Pasteur, Darwin ou Watson et Crick, et de nombreux autres. Répétons-le, le fait qu'une même institution, le Vatican, soit aujourd'hui pleinement à l'aise avec la conception héliocentrique du système solaire, alors qu'elle menaçait Galilée du bûcher pour avoir défendu cette même thèse au XVIe siècle, témoigne du pouvoir de la science sur l'évolution des systèmes de fictions-interprétations-croyances des hommes. En ce sens, il est légitime d'affirmer que la découverte et le progrès scientifique nous aident à prendre conscience de nos systèmes de croyances, précisément en les mettant à l'épreuve, en les contredisant. Mais au-delà de ce lieu commun, je pense qu'il faut distinguer deux effets temporels successifs associés à chacune des découvertes scientifiques majeures. Dans un premier temps, celui de son annonce aux sociétés humaines, la découverte met effectivement à l'épreuve nos certitudes, elle ébranle nos intuitions, nos convictions et peut avoir d'importantes répercussions sur nos interprétations du monde et sur nos fictions conscientes. C'est en général à ce temps-là que nous nous référons lorsque nous réfléchissons aux effets de la science sur nos représentations du monde et de nous-mêmes. Et, indiscutablement, ce temps premier est un temps humaniste, c'est-à-dire un temps qui affecte le sujet et l'aide à évoluer, à se transformer. Pourtant, ce temps initial est nécessairement suivi d'un second temps, bien plus long que le précédent, celui qui succède à l'assimilation de la découverte par les sociétés humaines. Que se passe-t-il alors ? Les générations passent, des hommes et des femmes naissent dans un paysage intellectuel qui a parfaitement assimilé cette découverte. Ces hommes et ces femmes sont toujours des humains, c'est-à-dire qu'ils continuent évidemment à construire leurs représentations fictives et leurs interprétations du monde. Mais le champ qui entoure la découverte scientifique en question n'est plus investi par ces processus de fiction. La force de l'évidence scientifique assèche le potentiel de fictionnalisation qui était auparavant associé au phénomène qu'elle éclaire. Si la question de la relation de la Terre au Soleil pouvait alimenter de riches fictions avant le XVIe siècle, si des cosmogonies fictives, des récits enflammés, des croyances religieuses préexistaient à Kepler, il n'en reste rien aujourd'hui pour les habitants des sociétés occidentales. Nous ne pouvons plus déceler dans cette connaissance une portion de subjectivité, ou une remise en cause de nos schémas de pensée. Ce deuxième temps du progrès scientifique, celui qui suit le bouleversement des systèmes de croyances, participe ainsi au processus d'effacement du sujet dans la relation ternaire que nous avons posée comme cadre de la connaissance. Il s'agit d'un épiphénomène du progrès scientifique dont les conséquences me semblent majeures. Lors de ce « deuxième temps » du progrès scientifique, nous pouvons être conduits à assimiler, en toute sincérité, l'information à la connaissance : « La Terre tourne autour du Soleil » est une information, et lorsque j'en fais l'acquisition à l'école, lorsque je la connais, il ne se passe apparemment rien de plus en moi qu'un simple transfert d'information. Nous pouvons alors assez légitimement généraliser, par induction logique, la portée de telles expériences, et estimer que la connaissance considérée dans son ensemble peut être confondue avec l'information. Ainsi la connaissance semble-t-elle se jouer en dehors du sujet envisagé comme un système de fictions-interprétations-croyances. À la lumière de cette réflexion autour du rôle de la science dans l'évolution de notre représentation générale de la connaissance, il semble assez clair que l'enrichissement extraordinaire des discours scientifiques au cours des XIXe et XXe siècles, ainsi qu'à l'aube du XXIe siècle, participent à l'effacement du sujet, à l'effacement de sa subjectivité apparente du jeu de la connaissance. Dans un nombre sans cesse croissant de domaines de connaissance scientifique, la part du sujet a involué, elle n'est plus facilement perceptible, et cette disparition favorise à mon sens la généralisation abusive selon laquelle la connaissance se résumerait à un transfert d'informations[1].

---

1. Il est d'ailleurs intéressant de noter que lorsque persiste un investissement de croyance-interprétation-fiction face à une découverte scientifique, cela ne concerne en général que les théories et non les résultats expérimentaux. Le destin usuel d'une théorie étant d'être un jour remplacée par une nouvelle théorie plus générale, nous pouvons donc nourrir ici un espoir – parfois délirant – à justifier nos croyances les plus « abracadabrantesques » en étant fermement convaincus qu'il sera un jour possible de leur apporter une justification théorique. Tels semblent agir aujourd'hui par exemple les néocréationnistes que nous avons rencontrés dans la darwino-résistance. Il s'agit le plus souvent d'une illusion cognitive du fait de l'invraisemblance des croyances maintenues, et de la contradiction de ces formes de pensée avec celle qui caractérise la démarche scientifique. *Pluralitas non est ponenda sine necessitate !* avons-nous sans cesse à l'esprit lorsque nous théorisons nos résultats, « les multiples ne doivent pas être utilisés sans nécessité », nous enseignait déjà le frère franciscain et philosophe Occam au XIVe siècle.

Pourtant, est-il sérieux d'imaginer que le sujet tel que nous l'avons défini puisse s'absenter, qu'il puisse ne pas être toujours présent, même tapi dans l'ombre, lors de chacune de nos expériences de connaissance ? Ne pas le prendre en compte dans la conception de la connaissance ne conduirait-il pas alors à d'inextricables problèmes et erreurs ?

Ce questionnement qui nous saisit aujourd'hui au cœur de la modernité qui est la nôtre, enfants de la technoscience de la société de l'information, avait déjà été appréhendé d'une manière visionnaire et profonde par Husserl à travers deux textes rédigés vers la fin de son existence. En 1934, le père de la phénoménologie a rédigé un manuscrit au titre incroyablement provocateur : *La Terre ne se meut pas.* Edmund Husserl n'était pas un obscurantiste délirant qui se serait opposé au cœur du XXe siècle européen à l'astrophysique et à la révolution copernicienne : « Nous, coperniciens, nous, hommes des temps modernes », entonne-t-il dans les premiers paragraphes de ce texte qui lève toute possible ambiguïté pour qui ne serait pas un familier de son œuvre. Ce qui turlupine Husserl, c'est le projet d'une science physique – et en réalité de toute science « objective » – qui se penserait en dehors du sujet humain qui précisément la pense. Comment imaginer les notions de mouvement et de repos en dehors des repères nécessaires au sujet pour pouvoir penser subjectivement le mouvement et le repos ? Dans ce texte souvent déroutant, Husserl se livre à de multiples expériences de pensée, il se laisse aller à imaginer des scénarios parfois dignes de Jules Verne afin de donner corps au problème sur lequel il veut attirer notre attention. Scènes de

---

Ne pas multiplier des hypothèses non indispensables. S'en tenir à ce qui est absolument nécessaire pour rendre compte du réel.

mouvement relatif d'un observateur dans un wagon qui cir-
cule sur une voie, identification avec la vie psychologique
d'un oiseau qui survole les paysages, imagination d'une vie
extraterrestre humaine et animale sur la Lune, etc., rien ne
semble capable d'arrêter le profond et sérieux professeur
Husserl pour nous saisir. Il est d'ailleurs difficile de ne pas
se laisser gagner par une certaine émotion en lisant un passage qui traite du destin d'hypothétiques déracinés qui
auraient abandonné ce qu'il appelle l'« Arche-Terre » – c'est-
à-dire la planète Terre –, enfermés dans un vaisseau spatial
perdu dans l'espace sidéral. Rien dans le ton du texte
n'appelle directement l'empathie ou la compassion, mais ces
lignes présentées par l'auteur comme une simple simulation
imaginaire ont été rédigées au crépuscule de son existence
par Husserl le vieux juif, converti au protestantisme, fraîche-
ment exclu par le régime nazi du lieu de cette Université de
Fribourg dans laquelle il venait de vivre l'essentiel de sa car-
rière. Ces lignes, qui ne seront publiées qu'à titre posthume,
nous parleraient-elles aussi de la manière de se représenter
l'espace lorsque l'on a été chassé de celui au sein duquel
notre vie s'est écoulée, de celui à partir duquel tout autre
espace était imaginé, de cette bibliothèque de l'université
dont les portes venaient de lui être fermées à jamais en
1933, de son Pardès personnel auquel de sombres molosses
lui avaient définitivement interdit l'accès ?

Quoi qu'il en soit, Husserl s'échine dans ce texte à
démontrer qu'il serait absurde de croire pouvoir penser la
science en faisant abstraction de ce qui est au cœur de l'apo-
dicticité du sujet, c'est-à-dire en croyant échapper au socle
fondamental sur lequel se construit toute possibilité de
signification et de certitude pour un sujet. Ainsi, lorsque
Husserl affirme que « la Terre ne se meut pas », c'est donc
avant tout pour nous signifier l'absurdité qu'il y aurait selon

lui à constituer une science en faisant fi de ce qui se donne au sujet dans sa subjectivité première et essentielle :

« Toute légitimation, toute vérification des aperceptions du monde se formant et s'étant formées progressivement, [...] toute légitimation a son point de départ subjectif et son ultime ancrage dans l'ego qui légitime. La vérification de la nouvelle "représentation du monde", celle du sens modifié, trouve son premier repère et noyau dans mon champ de perception [...]. »

Oublier ce qui est à la source du sujet lorsqu'il élabore des significations paraît une grossière erreur à Husserl. Nous ne sommes plus très loin de ce que nous appelons le système de fictions-interprétations-croyances constitutif du sujet.

Entre 1935 et 1936, Husserl va rédiger son dernier ouvrage au cœur duquel siège cette question de l'absolue nécessité de prendre en compte la nature du sujet dans le projet de constitution d'un discours scientifique à visée objectivante. Dans ce traité, Husserl va préciser ses critiques portées à l'égard de la forme du discours scientifique. À travers une magnifique déconstruction de la genèse historique et philosophique du discours de la causalité physico-mathématique, Husserl met au jour ce qu'il appelle l'« énigme de la subjectivité », énigme dont il ne lui semblait plus possible, déjà en 1935, de faire l'économie :

« [...] bref la "crise" qui lui est propre possède une signification centrale pour la mise au jour d'un certain nombre d'obscurités énigmatiques et sans solution dans les sciences modernes, y compris les sciences mathématiques et corrélativement qu'elle est importante aussi pour faire apparaître une sorte d'énigme du Monde inconnue aux époques antérieures. Toutes ces obscurités nous ramènent en effet à l'énigme de la subjectivité [...]. »

Aujourd'hui, l'énigme de la subjectivité ne nous a toujours pas livré ses secrets, mais il semble raisonnable de penser que la forme dominante du discours scientifique « dur » contribue au processus d'effacement de la place du sujet dans la connaissance, de la place des sujets humains qui sont pourtant les créateurs et les destinataires de ce merveilleux discours !

L'erreur de Pythagore

En hommage respectueux et ludique à Antonio Damasio qui a développé un aspect de sa pensée neurologique dans un ouvrage remarquable intitulé *L'Erreur de Descartes*, je me permets d'évoquer ici celle de Pythagore ! Je pense en effet que le quatrième facteur qui participe à l'effacement du sujet du cadre de la connaissance provient d'une certaine conception de la science, et notamment d'une conception qui s'enracine dans un idéalisme mathématique dont on peut trouver la forme la plus ancienne chez Pythagore. Pythagore et son école croyaient en une vérité mathématique. Cette vérité mathématique préexisterait à nos propres cogitations, à notre condition humaine, elle serait immuable et parfaite. L'unique relation que nous puissions nouer avec cette vérité mathématique serait celle de déchiffreurs de ses secrets, afin de la rendre intelligible à nos esprits. L'activité des mathématiciens ne relèverait pas, selon les pythagoriciens, de l'ordre de la création, mais exclusivement de celui de la découverte. Une démonstration ne serait pas la création de cette vérité mathématique, mais sa formulation explicite. Découvrir donc, et non pas créer. Créer, comme l'artiste ou le romancier, un univers de représentations à partir de ses propres fictions est une manière de valoriser la dimension fictionnelle du sujet et de prendre conscience de son existence en nous. Dans la découverte au contraire, la couche du sujet et de son système de fictions-interprétations-croyances perd de son importance au profit de l'objet de connaissance. Exemple pratique. Qu'est-ce qu'un triangle ? Un triangle est une figure plane d'un espace euclidien, formée par trois points et par les trois segments qui les relient. L'essence mathématique du triangle recèle de magnifiques propriétés. Ainsi, la somme des trois angles d'un triangle est toujours égale à deux angles droits. Si l'un des trois angles est droit, alors le carré de l'hypoténuse sera égal à la somme des carrés des deux côtés qui constituent l'angle droit. Cette fameuse propriété du triangle rectangle semble avoir été devinée depuis fort longtemps et dans des civilisations humaines très distinctes, ainsi qu'en attestent des tablettes babylonienne datées vers – 1800 av. J.-C. et des mégalithes datant de – 2500 av. J.-C. retrouvés en Grande-Bretagne. Mais lorsque cette propriété est érigée en théorème général et que sa démonstration est énoncée par la géométrie euclidienne, alors le « théorème de Pythagore » devient une authentique réalité mathématique, ou plutôt nous faisons enfin connaissance avec une vérité mathématique qui n'avait pas besoin du cerveau humain pour commencer à exister. Cette vérité se joue de nos croyances, de nos fictions, de nos interprétations et de nos actions. Quand bien même l'ONU déclarerait à l'unanimité que cette propriété du triangle est fausse, cela n'aurait aucun impact sur sa réalité intrinsèque. Nous n'avons aucune prise sur elle. Nous n'avons que la possibilité de la comprendre, et de tenter de l'assimiler. Cette propriété du triangle rectangle n'est pas une production de notre esprit. Notre esprit n'a fait qu'atteindre une réalité qui existait en dehors de lui. Ainsi pensent les pythagoriciens.

Nous saisissons un objet mathématique à l'aide de notre intuition et de notre sens logique qui sont les organes de notre perception mathématique. Les mathématiques pensées comme le déchiffrement de pierres de Rosette enfouies pendant des millénaires et détentrices de connaissances dont nous pouvons tenter de faire l'acquisition par nos efforts intellectuels et notre intuition. Cette conception idéaliste des mathématiques a très longtemps prévalu et dominé les mentalités des mathématiciens, mais également celles des non-mathématiciens, et elle continue d'ailleurs à s'imposer avec une force de conviction assez étonnante. Je crois d'ailleurs que les élans mystiques ou tout du moins déistes et spiritualistes que l'on rencontre bien plus souvent chez les grands mathématiciens ou physiciens théoriciens que chez les grands biologistes relèvent en partie de l'influence de cette conception pythagoricienne : à leurs yeux, nous sommes les lecteurs d'un ordre et d'une esthétique transcendantale qui existent en dehors de nous, et cet ordre qui est structuré par ses propres significations, lois et codes, témoigne donc d'une puissance créatrice guidée par un sens et un projet. Pythagore lui-même, *Pytha-Gore*, n'est-il pas l'homme dont le destin avait été prédit par la Pythie ! D'une certaine façon, il devient presque impossible de ne pas adhérer et croire à ce schéma mental en constatant l'existence indiscutable et abstraite de ces vérités mathématiques, unique jeu de connaissances dont la certitude semble absolue et définitive. Descartes n'écrivait-il d'ailleurs pas, dans ses *Règles pour la direction de l'esprit*, que « ceux qui cherchent le droit chemin de la vérité ne doivent s'occuper d'aucun objet, dont ils ne puissent avoir une certitude égale à celle des démonstrations de l'arithmétique et de la géométrie » ? Cette conception des mathématiques s'est généralisée vers les sciences physiques et biologiques avec un indéniable succès. La découverte des lois de la physique, depuis Kepler, Galilée, Newton, puis Einstein, est ainsi conçue comme la mise au jour de phénomènes qui nous préexistent. La gravitation n'est pas une invention ou une création, mais une force de la nature que nous découvrons grâce à nos efforts de déchiffrage du monde. La découverte de la circulation sanguine par Harvey ou celle du déchiffrage du code de l'ADN par Watson et Crick sont autant d'incursions dans le champ des lois de la nature que nous parvenons à saisir. Aujourd'hui encore, cette conception s'impose à l'esprit du plus grand nombre.

On comprend bien que, selon ce schéma de pensée, l'expérience de la connaissance mathématique et scientifique est essentiellement envisagée comme une histoire d'informations et non de subjectivité : ce qui se passe lorsque la connaissance mathématique opère, c'est avant tout et surtout un transfert d'informations réussi. La réaction du sujet – c'est-à-dire le bouleversement éventuel de son système de fictions-interprétations-croyances et son passage de l'état X à l'état X' – n'est pas vraiment pertinente, et en aucun cas elle ne doit compromettre la qualité de l'information transmise : soit vous connaissez le théorème de Pythagore, soit vous ne le connaissez pas, ce qui se passe autour de la réponse à cette question n'est pas intéressant. On ne badine pas avec une « vérité mathématique », tout au plus peut-on essayer de la comprendre. Penser la connaissance mathématique et scientifique en ces termes revient d'une certaine façon à n'entretenir avec le partenaire « sujet » de notre modèle de la connaissance qu'une relation « pédagogique » : on peut essayer de rendre les informations mathématiques et scientifiques plus facilement saisissables par le sujet – rien ne l'interdit –, mais il est absolument inutile de valoriser pour elle-même la fictionnalisation des « vérités mathématiques ». Qui a jamais lu des énoncés de contrôles de mathématiques tels que : « Vivre et penser avec le théorème de Pythagore » ou « Impact du théorème de Thalès sur mes fictions et mes fantasmes » ? Bref, selon la tradition pythagoricienne et ses développements contemporains, l'aventure de la connaissance est un mode de perception comme un autre, perception d'un donné qui est déjà là et qui existe en dehors du sujet qui cherche à le connaître. La conjugaison de ce mode de pensée avec la dimension technologique de la science contemporaine, dont nous venons de décrire certains des effets, concourt ainsi à désincarner davantage encore la connaissance, en participant au processus d'effacement du sujet. À travers la technoscience contemporaine, connaître devient bel et bien une histoire d'accès et de transfert d'informations.

Dans ce chapitre, j'interroge simplement l'identité des facteurs qui ont pu contribuer à l'apparition de notre « mauvaise solution » actuelle, c'est-à-dire à ce processus de connaissance désincarnée. Il n'est donc pas envisagé de discuter ici des contre-mesures éventuelles qui pourraient nous aider à évoluer vers une moins mauvaise solution. J'aimerais cependant montrer en quelques mots que la technoscience contemporaine ne nous contraint pas à adopter la conception pythagoricienne que nous venons d'exposer, ni aucun de ses succédanés. Malgré les apparences, contester cette conception ne revient pas nécessairement à s'enfermer dans le déni de réalité ou dans la psychose ! Les pythagoriciens tirent la couverture vers la beauté abstraite des mathématiques et de l'Univers, en nous soufflant dans le creux de l'oreille de ne pas trop faire attention au sujet qui contemple ces beautés, sujet qui a déjà bien de la chance de pouvoir assister à ce spectacle qui ne se joue pas pour lui. Point d'observation insignifiant entre les deux infinis de Pascal.

Mais il reste bien sûr possible d'ouvrir les yeux, et de reprendre nos réflexions là où les pythagoriciens nous avaient conduits. La vérité mathématique se laisse contempler, et ce que nous percevons n'est autre que cet objet de connaissance abstrait dont l'existence est la plus certaine de toutes nos perceptions. Bien. Mais qu'est-ce qu'une perception, même abstraite, d'un objet, aussi abstrait soit-il ? Les neurosciences cognitives et la neuropsychologie nous ont bien montré que percevoir, c'est déjà construire une représentation, et lui attribuer, malgré nous, des significations, des interprétations et des croyances. Pourquoi les mathématiques échapperaient-elles à la règle ? Il y a au contraire fort à parier que nos représentations du théorème de Pythagore soient affectées par notre statut de sujets. Effectivement, il fallut attendre le XIXe siècle pour que Riemann et Lobatchevski inventent de nouvelles géométries, non euclidiennes, qui remettent en cause la généralité du fameux théorème. Imaginez une surface courbe. Comment ? Imaginez une feuille blanche posée sur une table. Recourbez-la en lui donnant une forme convexe vers le haut. Ce plan qui est à présent recourbé dans un espace à trois dimensions viole la plupart des lois de la géométrie euclidienne du plan, lois que vous teniez pourtant sans doute jusqu'alors pour des vérités absolument générales et indiscutables ! Le théorème de Pythagore n'y résiste pas, tout comme nos certitudes géométriques les plus fortes. Le théorème de Pythagore n'est plus cette vérité mathématique absolue, il devient une vérité mathématique relative, limitée à la géométrie euclidienne qui n'est qu'une des innombrables géométries du plan. Dans les géométries non euclidiennes, ce sont des pans entiers de nos « croyances mathématiques » qui tombent ainsi de leur piédestal. Souvenez-vous : dans le plan, soit une droite D et un point A extérieur à cette droite, il n'existe qu'une seule droite passant par A et parallèle à D. Dans un plan non euclidien, tel que la surface d'une sphère, il existe à présent une infinité de telles droites passant par A et ne coupant jamais D, donc parallèles à D !

Le pythagoricien fera de ces résultats un argument supplémentaire en disant que ce qui compte, ce sont effectivement les vérités mathématiques, et non les croyances que nous avions élaborées à leur sujet, croyances souvent contaminées par notre ignorance : « Nul ne vous a jamais dit que la géométrie euclidienne résumait toutes les géométries possibles ! » Peut-être, mais nous tenons déjà là un résultat important, la connaissance des vérités mathématiques est une connaissance (presque) comme toutes les autres. Les sujets qui en font l'acquisition ne peuvent s'empêcher de se raconter des histoires à son sujet, et d'y croire. Les mathématiciens aussi. C'est d'ailleurs souvent à partir de telles histoires que les « découvertes » mathématiques les plus originales voient le jour. Comme dans la belle poésie de Robert Desnos : « Une fourmi de 18 mètres ça n'existe pas ? Et pourquoi pas ? », il nous est possible de composer de nouvelles strophes : « Une racine carrée d'un nombre négatif ça n'existe pas ? Et pourquoi pas ? » Et ainsi naquirent à la Renaissance les nombres « imaginaires purs » – faites bien attention à leur nom ! – et le plus célèbre d'entre eux, i, qui n'est autre que la racine carrée de – 1. « Une masse qui varie selon la vitesse ça n'existe pas ? Et pourquoi pas ? » Et ainsi fut inventée la théorie de la relativité. « Un univers à plus de quatre dimensions ça n'existe pas ? Et pourquoi pas ? » Ainsi virent le jour les théories des cordes et autres modèles de l'Univers qui postulent l'existence de dimensions cachées. Etc.

Bref, il est absolument évident que l'imagination et les croyances des mathématiciens, des physiciens et, plus largement, des scientifiques jouent un rôle majeur à la fois dans la manière de se représenter les objets de connaissance et dans la production des « découvertes » mathématiques et scientifiques.

Ne s'agit-il d'ailleurs pas de créations plutôt que de découvertes ? Ce que les mathématiciens ou les scientifiques découvrent n'est jamais le « noumène mathématique », ou le « noumène physique ou biologique » lui-même, mais un modèle abstrait qui rend plus ou moins bien compte des manifestations de ces réalités qui nous demeurent inconnues dans leur être propre. Si nous avions un accès direct, et non phénoménal, à l'essence du théorème de Pythagore, alors il aurait dû être évident pour chacun d'entre nous, depuis l'Antiquité, que ses conditions de validité sont limitées au plan euclidien, et que d'autres plans existent. Tel ne fut pas le cas. De la même façon, Newton n'a pas découvert la gravitation, il a formulé une théorie géniale de la gravitation, et sa théorie, pour géniale qu'elle fut, ne s'identifiait pas à l'essence de la gravitation. Einstein à son tour a formulé une nouvelle théorie, qui rend mieux compte de certaines propriétés de la gravitation. Ce que j'énonce n'est d'ailleurs nullement contesté par les scientifiques eux-mêmes, mais nombre d'entre nous sont tout de même tentés de faire parfois ce fâcheux « raccourci » en présentant nos créations comme des découvertes, c'est-à-dire nos modèles et nos interprétations du réel comme la lecture directe et indiscutable du réel. Plus gênant encore, la société et le grand public conçoivent encore trop largement les scientifiques comme les porte-voix du réel plutôt que comme ses exégètes. Ils en oublient eux aussi la part du sujet dans l'élaboration de la connaissance. Une piste possible afin de remédier à ces erreurs de jugement pourrait consister à proposer, très tôt, une déclinaison vivante de l'histoire des sciences dans le cadre de l'enseignement scolaire de ces disciplines : réussir à faire vivre à l'élève ce qu'il y avait de révolutionnaire dans cette découverte, du point de vue de la conception du monde qui lui préexistait et qui a été transformé par cette prouesse intellectuelle, plutôt que de se limiter à la lui inculquer.

Si les scientifiques peuvent assez aisément reconnaître cette « erreur de Pythagore » et ainsi lui échapper, les mathématiciens, princes de la raison, ont encore de bonnes raisons de défendre leur glorieux ancêtre, inventeur patenté du terme de philosophie. Ils pourraient nous dire bien des choses en somme en variant le ton, par exemple, tenez :

— Au-delà des « scories » de notre imagination, de nos raisonnements bayésiens et de notre irrépressible tendance à interpréter et à croire ce que nous manipulons dans nos esprits, nous avons tout de même accès à certaines vérités, nous accédons à des sortes de « noumènes », ceux des mathématiques. Quand nous énonçons avec Peano la structure de l'ensemble des nombres entiers naturels, nous parvenons à toucher du doigt de l'esprit un objet mathématique, et pas seulement sa représentation. Ou plutôt la représentation que nous en donnons est absolument fidèle à l'objet représenté. C'est d'ailleurs là toute la poésie de notre condition de mathématiciens : nous sommes de simples hommes qui parviennent à toucher des vérités, les seules vérités que l'homme puisse jamais toucher et embrasser.

— Comment le savez-vous ? ne manquons-nous de leur répondre.

— L'art de la démonstration. Une démonstration mathématique est vraie ou fausse. Lorsqu'elle est vraie, elle est indiscutablement vraie, elle s'impose à tous les esprits humains de l'Univers, au-delà de leurs civilisations, de leurs époques et de leurs systèmes de fictions-interprétations-croyances. C'est là une preuve magistrale ! Nous touchons des vérités puisqu'elles sont partagées par tous, et retrouvées par chacun !

En réalité, il existe une interprétation alternative de l'activité mathématique. Plutôt que la découverte d'une vérité extérieure, vérité formalisable et universelle, les mathématiques peuvent être envisagées comme la formulation explicite des conditions de notre capacité humaine à les penser. Les théorèmes, la logique et leur universalité ne sont peut-être que l'énonciation des conditions nécessaires *a priori* – comme dirait Kant – de notre faculté à penser les concepts de nombre, d'espace ou d'ensemble. Autrement dit, il est possible d'opposer à la conception externalisante pythagoricienne des mathématiques, conception naïve et très convaincante, une conception internalisante qui se rapproche du reste de notre activité mentale : en créant un discours sur les mathématiques, nous créons un discours sur notre possibilité à faire des mathématiques. Les vérités que nous énonçons sont contraintes par l'architecture de notre esprit et par notre aptitude à représenter l'univers et les concepts ! L'invariance de ces vérités refléterait pour partie celle de notre propre esprit. Cette conception, une fois formulée, fait sens de nombreux résultats des mathématiques contemporaines (Changeux et Connes, 2000). Des travaux récents sur les fondements psychologiques et cérébraux de notre intuition numérique et géométrique, permettent de jeter les fondements d'une internalisation des mathématiques. Je pense notamment ici aux travaux de Stanislas Dehaene, d'Elizabeth Spelke et de leurs collègues conduits chez le sujet occidental bébé, enfant et adulte, ainsi que chez l'adulte munduruku, membre d'une ethnie d'Indiens d'Amazonie dépourvus de notre culture mathématique. Ces travaux neuro-anthropologiques contribuent à décrire nos aptitudes innées à créer et manipuler des objets mathématiques, en dévoilant nos intuitions mathématiques universelles, intuitions sur lesquelles se sont construits les formalismes mathématiques culturels sous la forme de théories abstraites explicites (Pica, Lemet *et al.*, 2004 ; Dehaene, Izard *et al.*, 2006 et 2008). Ainsi, même au cœur des mathématiques pures est tapi le sujet !

Autrement dit, rien n'impose d'exclure le sujet, entendu comme système de fictions-interprétations-croyances, de l'aventure technoscientifique contemporaine. Encore faut-il nous efforcer d'échapper à l'illusion à laquelle l'immense Pythagore a lui-même succombé le premier !

Épilogue

Où nos pas nous ont-ils conduits ?

La confusion entre la connaissance et l'information nous est apparue comme la source profonde de ce « malaise contemporain » dans lequel nous sommes plongés. Les origines de cette confusion pointent vers le désir d'assurer la libre circulation de l'information dans une société qui, au sortir de la Renaissance, était encore aux prises avec les obscurantismes et le cloisonnement du savoir, puis bientôt avec les obstacles de la censure. Absorbés par ce combat durant près de deux siècles d'épiques luttes politiques, sociales et surtout technologiques, nous avons fini par en oublier nos classiques : la connaissance repose sur l'accès à l'information certes, mais elle ne s'y résume pas. La connaissance est une histoire de « Je ». Une histoire de sujets qui en vivant cette expérience quotidiennement courent le risque de réviser leurs modèles de croyances et d'interprétations du monde et d'eux-mêmes. Pour le meilleur, et pour le pire. Le meilleur, nous l'imaginions déjà sans peine avant de nous lancer dans cette aventure, mais sans doute n'est-il pas inutile de résumer les extraordinaires vertus de la connaissance : décryptage et compréhension de la réalité de l'Univers auquel nous participons comme sujets, adéquation de notre singulière subjectivité avec cette réalité qui nous englobe, libération des nombreuses formes de discours aliénants qui ont habité l'Histoire et qui l'habitent encore aujourd'hui, et surtout prise de conscience de ce que veut dire un « sujet », de ce que veut dire « Je », possibilités ainsi ouvertes de se frotter à l'énigme de la subjectivité. Bref, répétons-nous, nul relativisme n'habite notre discours : les objets de la connaissance, objets scientifiques, artistiques, ou sociaux ne sont pas librement interchangeables, ils sont précieux. Voilà pour le meilleur. Et qu'en est-il du pire ? « Mort, folie, hérésie », chantaient déjà les textes des temps anciens. Mort, folie, hérésie nous guettent toujours, avons-nous répété aujourd'hui. Nous avons identifié l'essence de ce « poison vital » qu'est la connaissance dans les conséquences éprouvantes de cette confidence qui est adressée à chacun des sujets que nous sommes : « *Je* est lui-même le produit du système de fictions-interprétations-croyances qui nous habite, *Je* est une fiction, je suis une fiction. » Survivre, ou périr, à cette rencontre avec ces paroles intemporelles du Sphinx de la connaissance, tel nous est apparu l'enjeu vital ou mortifère de cette singulière expérience.

À ces risques existentiels terrifiants, passés et présents, répond un défi humaniste à nul autre pareil. Continuer à être une fiction, mais une fiction lucide qui accède ainsi à la seule liberté qui est à sa portée, une fiction qui puise dans le rire de soi la possibilité de persévérer dans l'existence. Une fiction qui comprend sa richesse, et qui ne se prend plus pour quelque chose qu'elle n'est pas, pour quelque chose qu'elle ne peut pas être. Une fiction qui ne se prend pas pour un caillou par exemple, caillou dont il est possible d'exprimer l'existence très simplement en termes de masse, de poids, de volume et de position. « Je » n'est pas un caillou, « Je » est une fiction alimentée par l'expérience de la connaissance. Faire de notre vie le récit du sens, ou celui du néant, tel est l'enjeu de la connaissance. Tel est l'enjeu de notre visite dans le Pardès, de la visite que chacun d'entre nous devrait être libre et capable de faire dans le paradis de la connaissance : connaître, et prendre le risque de disparaître en faisant connaissance avec soi. Tenter de fuir cette épreuve redoutable et libératrice n'est pas une alternative très sérieuse parce que serait-ce réellement vivre, que de vivre sans essayer de connaître ? Les tribulations mythiques des personnages du Néant der Tale qui vous attendent fébrilement dans la dernière partie de ce livre nous parlent-elles d'ailleurs d'autre chose ?

Un malaise est une situation éminemment instable qui n'est pas appelée à s'éterniser. Le malaise contemporain de la connaissance n'échappe pas à la règle. Nul ne peut sérieusement prédire son issue, mais il me semble certain que nous vivons aujourd'hui un moment crucial de notre relation à la connaissance. Un moment inédit. Un moment déterminant où tout, précisément, n'est pas encore déterminé. Autrement dit un moment où nous n'avons pas encore totalement perdu connaissance ! Nous maîtrisons comme personne avant nous les outils de l'information, et nous éprouvons comme personne avant nous les brûlures de la connaissance sous toutes leurs formes puisque nous n'avons pas cherché à nous en protéger comme les sociétés qui nous précédaient. Nous en avons même perdu notre latin ! Confrontés à cette situation doublement superlative – niveaux de maîtrise et d'exposition –, notre périple nous conduit à une bifurcation jamais encore rencontrée. D'un côté, nous pouvons faire le choix de nous avancer sur la voie de la résistance à la connaissance, c'est-à-dire sur la voie de la construction individuelle et collective de remparts à la connaissance, à toute connaissance qui chatouillerait trop nos ego. Choisir d'utiliser ces puissants outils de la société de l'information que nous avons su inventer, pour construire l'enfer de la pensée sur Terre, pour choisir le créationnisme, pour choisir les fondamentalismes, pour ériger – volontairement et définitivement cette fois – un culte de l'information vide de sujets, pour enterrer notre subjectivité, et avec elle tout espoir de connaissance et toute lucidité sur notre condition. Un effet collatéral de cette « régression prékantienne » serait évidemment un surcroît d'intolérance et de violence, ou une normalisation des croyances tout aussi délétère qui permet elle aussi d'effacer la couche de la subjectivité, mais je me garderai bien de parier sur les conditions suffisantes pour chasser la violence et l'intolérance de nos vies !

Ou bien. Ou bien nous décidons de tourner la tête de l'autre côté de cette bifurcation. Nous décidons de lancer nos pas sur l'autre sentier qui s'ouvre devant nous, inconnu et prometteur. Sur le sentier qui nous permettra, peut-être, de transformer notre société de l'information actuelle – qui se rêvait déjà, à tort, être une société de la connaissance – en authentique société de la connaissance. Faire advenir ce rêve ambitieux, qui n'est aujourd'hui encore qu'une construction onirique, dans la réalité tranquille de nos existences quotidiennes. Faire le choix de la lucidité, de la liberté et du courage. Bref, s'avancer vers ce qui pourrait aboutir à un néohumanisme. Une première étape sur cette voie pourrait consister à délivrer un enseignement sur les grands principes des « neurosciences de la subjectivité » aux lycéens de toutes les sections, afin de faciliter cette prise de conscience fondamentale. Apprendre à connaître la « machine à fictions » que nous sommes, tout comme on enseigne déjà par exemple en biologie l'existence de l'ADN, qui ne fut découvert qu'en 1953, et dont plus personne n'ignore aujourd'hui l'existence. Un doux rêve illusoire ? Transportons-nous par la pensée il y a cent cinquante ans, alors que l'issue du combat pour l'alphabétisation en France n'avait rien d'évident. À cette époque, pas si lointaine, le projet de transmettre à la grande majorité d'une classe d'âge la maîtrise de la lecture ne semblait pas moins irréaliste.

Pourtant, un problème de taille subsiste encore aujourd'hui. Une minorité seulement d'hommes et de femmes ont la possibilité de choisir cette aventure de la connaissance de la connaissance, et donc de la connaissance de soi. On notera, incidemment, que cette minorité d'« hommes et de femmes » est très longtemps demeurée une collectivité quasi exclusivement masculine ! Combien de représentantes du « sexe faible » parmi les personnages des mythes que nous avons revisités ? Bien plus d'individus – de tous les sexes – ont désormais la possibilité de s'engouffrer dans la « société de l'information », mais nous avons suffisamment expliqué pourquoi ceci n'équivaut pas à cela, au-delà des confusions alimentées par notre discours dominant. Sur ce point précis, il semble d'ailleurs que nous n'ayons en rien modifié le cours des choses. À travers l'Histoire, cela n'a toujours été qu'une infime proportion d'individus qui ont eu la possibilité de répondre à cet appel du sens, à cette convocation de la connaissance. Ceux et celles qui avaient accès aux outils de la connaissance, qui avaient été initiés à ses codes, ses langages, ses mémoires écrites, c'est-à-dire ceux qui pouvaient accéder à la culture. Celles et ceux qui ont eu la possibilité de vivre l'expérience fondatrice d'une relation maître-disciple qui marque souvent la naissance du sujet à la connaissance. Ceux et celles qui ne vivaient pas sous le joug exclusif d'une représentation du monde qui diabolisait les prétendus excès de la connaissance. Ceux et celles qui ne vivaient pas dans un univers censuré, dans des sociétés exemptes de certaines sources importantes du savoir. Ceux et celles qui ne portaient pas d'œillères trop serrées, œillères familiales, religieuses, et plus récemment idéologiques. Ceux et celles qui n'étaient pas totalement aveugles à ces « zones aveugles » qui nous enferment souvent dans une condition rigide et peu amène au changement. On le constatera aisément, ce jeu de contraintes ne se résume pas à une problématique de classe sociale ou socioculturelle : on peut naître, vivre et mourir dans une « bonne famille » de l'intelligentsia du 6ᵉ arrondissement de Paris sans avoir jamais été vraiment chatouillé par le désir de connaître. Mais le facteur socioculturel participe évidemment à cette inégalité. Qui pourrait sérieusement le contester ?

Chaque époque est libre de choisir ses combats et ses engagements, de déterminer parmi les utopies celles qu'elle essaiera de transformer en réalité. Je pense, ou plutôt je pense et je crois que nous avons aujourd'hui la possibilité de choisir de bâtir cette société de la connaissance. Je veux dire une véritable société de la connaissance qui saura se construire dans nos démocraties en faisant usage des prodigieux outils de la société de l'information, mais sans confondre la fin avec le moyen. Une société dans laquelle le plus grand nombre pourra s'engager dans cette épopée redoutable et extraordinaire. Une société où connaître, au sens où nous l'entendons, ne sera pas un verbe réservé à quelques *happy few* – ou plutôt à quelques *few* –, mais une expérience accessible à chacun. Un air de révolution culturelle, mais sans livre rouge, sans jeux de mots trompeurs, et sans autres salmigondis idéologiques. Non pas la promesse mensongère d'un bonheur certain et aseptisé, mais celle de la possibilité, réelle et librement consentie, de vivre les risques et les merveilles de la connaissance. La connaissance pour tous, ou plutôt pour chacune et chacun.

Au diable les quotas pour sortir de la caverne !

Chiche !

NÉANT DER TALE,
OU LE RÉCIT DU NÉANT

La connaissance, nous l'avons vu, ne constitue pas un problème aride et sec, réservé aux seuls « spécialistes ». Elle échappe à notre systématisation du savoir, et s'impose en réalité à chacun d'entre nous, s'invitant dans les sphères les plus diverses et les plus intimes de nos existences. La connaissance est avant tout une affaire d'individus, l'affaire des personnes ou des personnages que nous sommes l'instant d'une vie. C'est pourquoi, arrivé au terme de cet essai, je n'ai pas résisté à faire le choix de la fiction, par le truchement de personnages imaginaires qui sauront, je l'espère, mettre en scène les différents thèmes que nous avons explorés dans cet essai : le double visage de la connaissance, et ce qu'il suscite chez nous, mélange ambivalent d'attraction et de résistance, de confiance et de méfiance, de source de vie et de vulnérabilité. Une tragédie donc, où les forces aveugles du destin sont remplacées par celles non moins aveuglantes des lumières de la connaissance. Dans la continuité directe de notre héritage culturel riche de mythes, contes, allégories et métaphores, le mythe moderne que je vous propose emprunte la forme narrative la plus emphatique de notre époque, celle du thriller métaphysique, condensé de nos fantasmes littéraires et cinématographiques, autrement dit le plus court chemin vers la dimension symbolique de cette menace d'anéantissement associée à la connaissance.

« Abondance de sagesse, abondance de
chagrin, et accroître sa connaissance, c'est
accroître sa peine. »

L'Ecclésiaste, 1, 18.

Scène 1

Il n'y avait rien à faire, le sommeil ne viendrait pas. Clara Valère sanglotait sur le dossier de son fauteuil, la tête appuyée contre le hublot de l'A380 qui la conduisait à New York. Son voisin ne l'importunait pourtant pas, mais sa simple présence suffisait à lui rappeler l'absence, irrévocable et définitive, de Marc. Marc Amadiso était mort depuis quarante-huit heures. Faut-il rappeler à notre lecteur que ce flamboyant explorateur des secrets du fonctionnement cérébral avait été un sérieux candidat au prix Nobel de médecine, qu'il avait siégé dans les plus prestigieuses assemblées scientifiques mondiales, qu'il avait été un époux affectueux, un papa admiré de ses quatre enfants, et l'amant de Clara depuis qu'elle avait commencé sa thèse dans son laboratoire du CNRS du quai Saint-Bernard, à Paris, presque trois ans plus tôt ? Elle terminerait sans lui ses expériences sur le rôle de l'attention spatiale endogène sur les représentations du schéma corporel.

Ses sanglots avaient redoublé d'intensité. Une hôtesse inquiète s'approcha d'elle. Clara ferma les yeux, préférant simuler le sommeil plutôt que d'affronter une conversation, aussi courte et insignifiante soit-elle. Immédiatement, des images vivaces et insupportables lui revinrent à l'esprit. En couverture de *VSD*, la photographie prise par un officier du service de police scientifique de New York sur laquelle le corps désarticulé d'Amadiso gisait dans un peignoir sur le sol de la luxueuse chambre qu'il occupait au Pierre. Son front semblait avoir été découpé minutieusement à la scie et reposait, ensanglanté, à côté de sa main gauche. Sa bouche, très grande ouverte, laissait apparaître les convexités proéminentes et bombées de ses deux lobes frontaux. Woody Allen avait beau déclarer que le cerveau était son deuxième organe favori, l'horreur de ce cliché dérobé n'avait rien à envier à ceux qui représentaient le fameux sévice pratiqué pendant la guerre d'Algérie. Clara rouvrit aussitôt les yeux, avala deux comprimés supplémentaires de Xanax et demanda à l'hôtesse une mignonnette de whisky.

SCÈNE 2

Quai Saint-Bernard, 7 h 35 du matin. Philippe Heineman verrouilla l'antivol de son vélo avant de monter dans son bureau. Ses doigts, encore engourdis par le froid de cette matinée de novembre, avaient du mal à saisir la carte à code du bâtiment qui abritait son laboratoire. Il n'y avait personne à cette heure-ci, mais les lieux et les odeurs lui étaient suffisamment familiers pour ne pas l'inquiéter. L'ascenseur métallique, bruyant et hoquetant à chaque passage d'étage, sentait toujours l'urine de chat et la queue de souris. Trois réformes du CNRS et quatre doyens tous plus déterminés et énergiques les uns que les autres n'avaient pas suffi à en venir à bout.

Assis à son petit bureau, Heineman sortit d'un tiroir un cliché pris lors de la soutenance de son habilitation à diriger les recherches, huit ans plus tôt. Marc Amadiso le tenait par l'épaule, la tête légèrement inclinée vers lui, en le regardant avec un soupçon d'ambivalence. Heineman se souvenait qu'ayant cru déceler immédiatement ce mélange d'admiration et de mépris dans les yeux de son mentor, il avait aussitôt décidé de réaliser un test de catégorisation des intentions véhiculées par le regard de Marc auprès d'un échantillon de 46 étudiants de première année du master de psychologie cognitive dans lequel il assurait une série de cours sur l'intérêt des modèles probabilistes bayésiens dans les processus perceptifs. Trop jeunes dans la discipline pour reconnaître Marc Amadiso qui n'était pas encore en première page de *VSD*, ces étudiants constituaient une population de premier choix. Le résultat fut sans appel : parmi 32 attributs proposés, le regard de Marc exprimait la jalousie, l'admiration et le mépris, ainsi que la moquerie, avec un seuil de significativité à faire pâlir n'importe quel psychologue expérimentaliste. CQFD.

Heineman avait songé à poursuivre cette expérience en présentant cette photographie en image subliminale à des sujets tout en enregistrant leur activité cérébrale en IRM fonctionnelle. L'ambivalence du regard de Marc Amadiso serait-elle représentée de manière inconsciente dans certains réseaux cérébraux de catégorisation perceptive ? Cependant, aux yeux de Heineman, cette expérience n'était pas suffisamment déterminante pour mériter d'être réalisée.

SCÈNE 3

Clara fut accueillie à l'aéroport par Aron et Dorit Morgenstern. Aron et Philippe Heineman s'étaient rencontrés il y avait une dizaine d'années déjà, pendant le séjour postdoctoral de Philippe dans le département d'étude de la décision et de l'action de l'Université de Columbia. Pétri de psycholinguistique néochomskyenne, Aron fascinait Philippe par la vitalité qui se dégageait de lui et surtout par cette absence de conformisme que l'on rencontre parfois chez certains universitaires américains. Une réelle absence de conformisme, et non pas ces signes extérieurs qu'arboraient avec ostentation certains des collègues parisiens de Philippe, individus inutilement agressifs dans les cafétérias ou les couloirs, souvent ornés de longs cheveux sales, amateurs de regards teigneux, mais dont la voix pourtant se mettait à trembler quand elle ne devenait pas inaudible dès qu'ils se retrouvaient confrontés à un quelconque contexte hiérarchique. Les cheveux longs ne faisaient pas le moine ! Aron, lui, avait les cheveux courts, bruns et propres, ce qui n'était d'ailleurs pas pour déplaire à Dorit, son adorable épouse, qui fréquentait suffisamment de maquettes d'hominidés au Muséum d'histoire naturelle de New York pour apprécier la différence capillaire. Venus à leur tour en poste à Paris, Aron et Dorit avaient rapidement adopté Clara dans le cercle de leurs amis. Ils connaissaient bien entendu la nature des relations de Clara et d'Amadiso, elle-même savait qu'ils savaient – et cela aussi ils le savaient –, mais tous les trois s'étaient jusqu'alors entendus pour ne pas partager publiquement cet aspect de son existence. Jusque-là seulement. Car Clara pleurait maintenant dans les bras de Dorit, articulant à peine certains adjectifs ou substantifs : « horrible », « amoureuse », « homme de ma vie », « mortifiée », « désespérée ».

SCÈNE 4

« Fuhlrott... » C'est par ce mot lâché sur un ton qui se voulait complice qu'Ernest Bourbaki, inspecteur de la police criminelle de New York, avait accueilli Clara dans son petit bureau. Encouragé par son absence de réaction, Bourbaki invita Clara à le suivre dans une pièce plus vaste, dans laquelle elle découvrit trois hommes sévères, assis sur des fauteuils en cuir face à un téléviseur relié à un lecteur de DVD. Bourbaki la prévint qu'elle risquait d'être choquée par ce qu'elle allait découvrir. Il appuya alors sur une télécommande et les premières images apparurent à l'écran : Amadiso se tenait assis au bord du lit de sa chambre du Pierre, en train de travailler sur son PC, en écoutant le quatuor à cordes n° 16 de Beethoven. Trois coups frappés à la porte de sa chambre, il se lève, un sourire aux lèvres. Il ouvre la porte. Une femme blonde apparaît, grandes lunettes de soleil noires. Elle ôte son manteau noir et tombe dans les bras d'Amadiso qui la conduit vers le lit *king size*.

Grimaces sur le visage de Clara qui se mordit la lèvre supérieure en serrant les poignées de son fauteuil. Le film continuait.

Les lunettes noires tombent du visage de la visiteuse d'Amadiso, bientôt suivies de sa perruque blonde. C'est une femme brune. Dorit. C'est Dorit Morgenstern.

Clara ne put contenir un petit cri rauque.

Dorit bientôt nue à l'écran. Enchaînement de scènes érotiques.

Puis vint la suite.

Amadiso sort du champ. Bruits de douche. Le dernier mouvement du quatuor débute : « *Muss es sein ? Es muss sein.* » Dorit se lève, saisit son sac à main, verse le contenu d'un flacon dans une coupe de champagne. Sourire béat d'Amadiso qui revient dans le champ vêtu du peignoir, le même que celui des photos de *VSD*. Amadiso porte la coupe à ses lèvres. Rigidité subite, cri étouffé, chute, agonie rapide. Dorit, rhabillée, sort une petite scie électrique de son sac et se livre avec soin à sa besogne neuro-anatomique. Son téléphone portable en main, elle compose un numéro et prononce simplement « Fuhlrott », en marquant une pause, comme si elle attendait un signe de reconnaissance, puis « *It's done* ». Elle glisse le PC d'Amadiso dans son sac. Perruque blonde reposée sur sa tête, lunettes noires en place, manteau boutonné, son regard croise rapidement l'objectif de la caméra sans sembler l'apercevoir. Dorit sort du champ, claquement de porte.

Bourbaki arrêta la projection. Clara était en larmes et n'opposait plus de résistance. Explications de Bourbaki. Voyeurisme d'Amadiso qui enregistrait ses ébats à l'insu de ses partenaires, ainsi que l'examen de sa caméra l'avait révélé. Scènes avec Dorit, avec Clara, et avec d'autres partenaires. Manifestement, Dorit n'avait pas remarqué la petite caméra cachée sur le haut de l'armoire. À présent, il fallait que Clara collabore avec Bourbaki et les agents du FBI ici présents. Qu'elle s'infiltre dans le nid de Dorit, tel un espion, elle devait communiquer toute information susceptible de faire progresser l'enquête. Pourquoi ne pas arrêter immédiatement Dorit ? demanda Clara. Regards en coin des quatre policiers, pause, puis explication ultime : « Fuhlrott. » Que signifiait ce code et qui protégeait-il ? C'est ce qu'ils voulaient savoir. Et les indices étaient maigres, pour ne pas dire inexploitables, le numéro que Dorit avait composé était celui d'une cabine téléphonique perdue dans le New Hampshire. Leur seul piste : surveiller Dorit. Elle avait cru que son déguisement de starlette déjouerait les caméras de surveillance du hall de l'hôtel Pierre. Il ne fallait surtout pas la contredire, mais bel et bien conserver ce coup d'avance sur elle. Regards sécurisants et inquiétants des trois collègues de Bourbaki. C'est ce qu'ils attendaient de Clara.

Scène 5

À qui se confier ? Qui était suffisamment proche d'elle et capable de saisir la complexité de cette situation cauchemardesque ? Philippe ! Philippe Heineman était son seul espoir. Réfugiée au fond d'un Web-café déserté, Clara s'assura que de l'autre côté de l'Atlantique le PC de Philippe était connecté au système de téléphonie par Internet. Il était 2 heures du matin à Paris lorsque Philippe répondit à son appel. Aussitôt informé, il théorisa la situation. Marc Amadiso assassiné pour un mobile inconnu, mais qui semblait dépasser le crime passionnel. Élucider le mystérieux « Fuhlrott » pour comprendre l'acte de Dorit. Deux pistes éventuelles : le symbolisme de la mise en scène macabre et la petite anomalie du comportement des inspecteurs. Commencer par cette petite anomalie. Pourquoi cette inutile prise de risque des inspecteurs qui mettaient Clara dans la confidence de l'enregistrement vidéo de Marc ? Clara demanda à Philippe s'il savait quelque chose qu'elle ignorait. Philippe ne put s'empêcher d'entendre dans cette question un reproche à peine voilé sur son statut de complice passif des frasques de leur maître défunt. Non, il ne savait rien d'autre d'immédiatement utile. À son avis, il fallait se concentrer sur la petite brèche qu'il venait d'apercevoir. Et comme tout probabiliste bayésien qui se respecte, Heineman expliqua à Clara que les inspecteurs savaient nécessairement quelque chose d'autre de capital qui permettait d'expliquer l'irrégularité apparente de leur comportement. Conclusion, Clara devait obtenir de Bourbaki ce supplément d'informations indispensable à la poursuite de leurs recherches.

Sous l'influence conjuguée de sa profonde désillusion, du décalage horaire et du sentiment de colère qui l'animait, Clara à présent s'impatientait. Au-delà de sa « brillante » inférence, Philippe avait-il la moindre idée de la manière d'extorquer ces hypothétiques informations à Bourbaki ? Mais Philippe avait décidément réponse à tout. Un appât. Il avait un appât à leur lancer. Le PC de Marc contenait à coup sûr les diapositives et le texte de la conférence originale qu'il devait prononcer le lendemain de son assassinat, indices potentiellement très précieux pour l'enquête, d'autant qu'ils venaient d'être dérobés par Dorit. Philippe venait de télécharger ces documents du compte Google de Marc et de les en effacer du site Web. Marc Amadiso et lui avaient depuis longtemps pris l'habitude de sauvegarder leurs conférences sur Internet en cas de vol ou de perte de leur PC pendant leurs voyages et s'étaient échangé leurs codes respectifs. Bourbaki et ses sbires avaient désormais de bonnes raisons d'en dire plus à Clara.

SCÈNE 6

Le terme « Fuhlrott » accompagnait deux autres meurtres mystérieux commis au cours des derniers mois. Le cadavre d'un brillant philosophe phénoménologiste européen récemment reconverti dans la philosophie analytique nord-américaine, de passage à Amsterdam, avait été retrouvé un matin devant l'ancienne demeure de Spinoza, à La Haye. Son corps rigide se dressait debout, maintenu par deux grilles métalliques truffées d'ampoules électriques qui clignotaient sans cesse : couleur bleue puis verte sur l'avant du corps, et *vice versa* à l'arrière. Au-delà du crime abominable, ses respectables collègues n'avaient pas manqué de sourire à ce canular trivial : « Illustration incarnée du fameux paradoxe de Goodman », avaient-ils expliqué aux forces du maintien de l'ordre public. En 1946, le philosophe Nelson Goodman avait inventé l'adjectif *vleu* (*grue* en anglais) qui signifie « vert jusqu'à une certaine date t et bleu ensuite ». Par symétrie, on peut également construire l'adjectif *bert* (*bleen* en anglais) pour « bleu jusqu'à une certaine date t et vert ensuite ». Goodman avait alors avancé que si l'observation d'une émeraude verte permettait d'étayer l'induction logique que « toutes les émeraudes sont vertes », elle pouvait également étayer de la même manière l'affirmation que « toutes les émeraudes sont vleues ». Goodman fit remarquer qu'il était tout à fait paradoxal que nous soyons prompts à accepter la première affirmation et que nous réfutions la seconde. Depuis l'énoncé de ce paradoxe, une riche littérature en avait décliné les insondables facettes. Curieusement, cette littérature remise entre les mains des enquêteurs ne leur permit pas de réaliser de substantiels progrès. Le mot « Fuhlrott » avait été griffonné à la hâte en lettres de sang, probablement par la victime qui avait dû l'entendre prononcer par ses meurtriers lors de son agonie nocturne.

Un biophysicien japonais de l'institut de recherche Riken, près de Tokyo, qui travaillait en solitaire sur une nouvelle technique très prometteuse de pharmaco-génomique destinée à évaluer l'impact d'un médicament administré à un animal sur l'expression de l'ensemble de son matériel génétique, avait été retrouvé dans une cage en acier couverte par un drap blanc sur lequel était inscrit en caractères kana : « Le petit chat est mort, Schrodinger avait tort ! » Cette fois-là, les enquêteurs n'avaient pas eu besoin de l'aide des collègues de la victime, leur culture générale en physique quantique suffisait. À dire vrai, ils n'avaient pas trouvé la formule très heureuse, ni rigoureuse.

Un e-mail envoyé le jour du crime depuis l'un des ordinateurs du laboratoire de la victime vers un journal de petites annonces en ligne contenait lui aussi le mot désormais familier de « Fuhlrott ».

Bourbaki n'avait pas d'autres informations à confier à Clara. Elle le quitta et lui promit de lui remettre la conférence d'Amadiso sur une clé USB d'ici quarante-huit heures.

Scène 7

Une heure du matin. Le deuxième mouvement de la *Symphonie héroïque* de Beethoven retentissait dans le bureau de Philippe à Paris, fenêtre grande ouverte sur le campus de Jussieu. Une tasse de café froid devant lui, Philippe ressassait l'ensemble des indices à sa disposition, tout en accueillant avec intérêt les hypothèses les plus saugrenues qui, après avoir incubé dans les profondeurs de son esprit, jaillissaient soudain en pleine lumière. Un lien entre les trois meurtres ? Trois hommes de connaissance. Morts de savoir ? Morts d'en savoir trop ? Règle d'or du polar : l'homme qui en sait trop est toujours éliminé, nécessairement. Trois savants donc, un spécialiste des mécanismes cérébraux qui gouvernent notre réalité mentale, un penseur original qui élaborait un système conjuguant les exigences d'une authentique philosophie de l'existence – du *Dasein* –, avec celles d'une théorie de la connaissance et du sens, et, pour finir, un ogre de biologie moléculaire porteur d'un espoir encore inimaginable il y a peu. Espoirs qui étaient désormais anéantis, ou pour le moins significativement retardés. Revenir à Dorit. Dorit, agent de l'un de ces trois crimes. Dorit Morgenstern. Muséum d'histoire naturelle, département des hominidés. Sujet de sa thèse de doctorat en anthropologie ? Philippe n'eut pas de difficultés à la retrouver sous une pile, « Linguistic abilities and inabilities of *Homo neanderthalensis* ». Dorit y exposait une solide discussion sur la capacité supposée de l'homme de Néandertal à parler. La découverte, en 1989, d'un os indispensable à la phonation chez un homme de Néandertal, l'os hyoïde, dans la grotte de Kabara, en Israël, avait remis en cause le vieux dogme de l'absence de communication langagière chez cet hominidé. Après avoir franchement vacillé l'année de la chute du mur de Berlin, le dogme retrouvait pourtant une nouvelle assise. Telle était en tout cas la conclusion de Dorit. Elle concluait avec détermination que Néandertal ne pouvait très probablement pas parler en dépit de son os hyoïde. Dorit réactionnaire ? Quel lien avec les meurtres ? D'ailleurs, y en avait-il un ? Et « Fulhrott », au fait ? Philippe tapa simplement « fuhlrott neanderthalensis » dans Google et une longue liste de liens pertinents à 100 % s'afficha sur l'écran de son PC. Il y apprit que, pendant le mois d'août 1856, deux ouvriers employés par une entreprise d'exploitation de calcaire mirent à nu le contenu d'une petite grotte de la vallée de Néander, près de Düsseldorf. Surpris d'y découvrir les restes d'un squelette qu'ils prirent pour celui d'un ours, ils en jetèrent l'essentiel, mais décidèrent de montrer certains os, dont le crâne, à un maître d'école du coin, naturaliste à ses heures perdues, dénommé Johann Karl Fuhlrott.

SCÈNE 8

M. Fuhlrott avait immédiatement identifié l'origine humaine de ces ossements. Il rapporta en 1859 sa découverte dans une revue d'histoire naturelle rhénane. Fuhlrott fut aussitôt soutenu par un universitaire reconnu, le professeur Schaafhausen de Bonn, qui accrédita l'importance de cette observation. L'homme de Néandertal était né. Hominidé contemporain de notre ancêtre direct (*Homo sapiens*), l'homme de Néandertal avait vécu en Europe et au Proche et Moyen-Orient. Apparu il y a environ trois cent mille ans, et longtemps seul hominidé européen, il avait « brutalement » disparu, en l'espace de quelques millénaires, il y a environ trente mille ans, lorsque les premiers *Homo sapiens* étaient arrivés d'Afrique en Europe. Le mystère de sa soudaine extinction demeurait entier. Mille et un scénarios avaient été envisagés, depuis son extermination par l'homme moderne jusqu'aux hypothèses climatiques ou environnementales, en passant par une mixité avec les *sapiens* numériquement supérieurs et un effet de dilution génétique. La fragilité de ces conjectures pouvait se mesurer à l'aune de la variété considérable des opinions défendues par les paléoanthropologues. Au-delà de son intérêt strictement scientifique, l'homme de Néandertal était devenu un formidable catalyseur de fantasmes des origines. Philippe avait d'ailleurs remarqué qu'il était possible de réduire la multitude des opinions scientifiques divergentes sur cet hominidé à deux catégories antagonistes : les « pro » et les « anti ». Les « pro » défendaient l'idée d'un hominidé sophistiqué, proche de nous sur les plans cognitifs, culturels et artistiques, tandis que les « anti » avaient commencé par nier l'existence de cet hominidé pour ensuite n'y voir qu'une brute épaisse, stupide et violente, inapte au langage et à la culture. Les « anti » avaient tout tenté, à commencer par discréditer l'importance de la découverte de Fulhrott, prétendre qu'il ne s'agissait que des restes d'un *Homo sapiens* atteint d'une « idiotie congénitale » – comme le fit von Wirchow, célèbre anatomiste –, ou y voir même les restes d'un soldat des campagnes napoléoniennes souffrant de rachitisme comme le défendit l'honorable professeur d'anatomie comparée August Franz Mayer... Longtemps la voix des « anti » domina les consciences collectives, ainsi que l'atteste encore aujourd'hui l'expression insultante : « Espèce de Néandertal ! » Mais, depuis une trentaine d'années, les « pro » avaient le vent en poupe. Les facultés intellectuelles de Néandertal étaient nettement plus évoluées qu'on ne l'avait initialement cru. Ainsi, Néandertal maîtrisait la technique de débitage des pierres dites de Levallois, il pratiquait des cultes funéraires qui révélaient une réflexion existentielle jusqu'alors insoupçonnée. La découverte du petit os hyoïde en 1989 était le couronnement de cette inversion de tendance : non seulement Néandertal produisait un discours sur le monde, mais il était très probablement capable de le communiquer à autrui par le truchement du langage parlé !

Philippe se souvenait d'une des lectures qui l'avaient introduit aux neurosciences. Lycéen en terminale, passionné de philosophie, de théorie des ensembles et de physique quantique, il était tombé sur un ouvrage scientifique intitulé *L'Évolution du cerveau et la création de la conscience*, rédigé par le prix Nobel aux élans mystiques, Sir John Eccles. Condensé mnésique de sa lecture, un petit tableau récapitulait l'évolution des volumes crâniens des hominidés. La progression ascendante harmonieuse de la taille des cerveaux depuis l'australopithèque jusqu'à l'*Homo sapiens* présentait une anomalie choquante. Le volume cérébral moyen de l'homme de Néandertal dépassait celui du nôtre ! Malgré la naïveté de cet argument uniquement volumétrique, Philippe avait eu à l'époque quelques difficultés à encaisser cette blessure narcissique. Il esquissa un sourire nostalgique en coin, puis cligna des yeux et conclut mentalement sa réflexion en pensant que le doute n'était plus permis : Dorit était une « anti ».

SCÈNE 9

Aron et Dorit embrassèrent Clara qui finissait son café dans la petite cuisine de leur coquet appartement de l'Upper West Side, puis ils claquèrent la porte. Clara attendit une trentaine de secondes puis se jeta sur son PC. Toujours pas de traces de Philippe dont l'ordinateur n'était pas connecté à Internet et qui ne lui avait pas envoyé de courrier électronique depuis plus de dix-huit heures. Si Clara s'était levée à ce moment précis, elle aurait pu voir par la fenêtre Dorit qui saluait de la main son époux qui venait d'entrer dans un taxi en direction de l'aéroport JFK. Aron devait animer un séminaire de doctorants au MIT à Boston. Mais elle était restée assise, préoccupée par l'éloignement géographique de Philippe.

Le taxi avait tourné au premier carrefour. Dorit marchait maintenant vers Central Park. Si Clara s'était levée à ce moment précis, elle aurait pu observer le dos de l'homme qui venait d'aborder Dorit. Elle aurait pu lire le sentiment d'étonnement qu'exprimait le visage de Dorit. Elle aurait pu reconnaître la silhouette, la démarche et le début de calvitie de Philippe Heineman. Elle aurait pu le voir se retourner et lire sur ses lèvres le désormais lancinant « Fulhrott ». Mais là non plus, Clara ne s'était pas levée, toujours absorbée par Philippe, Philippe Heineman, l'« homme sans foi » ainsi qu'il aimait se décrire lui-même en faisant usage d'une étymologie hébraïque fantaisiste : *ein eman*, « il n'y a pas de foi ». Philippe Heineman, à qui il ne fallut pas plus de quelques secondes pour convaincre Dorit qu'ils devaient parler seul à seul, à l'insu des oreilles indiscrètes. Afin de déjouer d'éventuelles filatures, il lui proposa de la retrouver deux heures plus tard à l'intérieur d'une salle du Film Forum, un cinéma indépendant sur Houston street qui programmait une rétrospective Hitchcock.

Assis tous deux dans une salle de projection quasi déserte, à quelques rangées l'un de l'autre, Philippe et Dorit attendaient le début de la séance pour se rapprocher et entamer leur discussion. Extinction des lumières. Les premières images de la version britannique de *L'Homme qui en savait trop* tournée en 1934 avec Peter Lorre apparurent enfin à l'écran. Philippe et Dorit purent se rejoindre, couverts par la bande-son du film. Philippe affirma sans ambages à Dorit qu'il savait qu'elle avait tué Marc Amadiso. Qu'il avait un marché à lui proposer. Il était prêt à lui délivrer une information capitale pour elle et les siens, et l'aider à éloigner les enquêteurs de la vérité. En échange, elle devait tout lui expliquer et s'engager à laisser Clara en dehors de tout cela. Il avait pris un avion la veille sans informer cette dernière de son arrivée. Dorit hésita quelques instants, puis lui murmura que sa proposition était honnête mais incomplète. Philippe fronça les sourcils. Dorit ajouta qu'à l'issue d'un tel échange, l'existence de Philippe ne serait plus qu'en sursis, dans l'attente d'une exécution irrévocable. En clair, il mourrait. Désirait-il réellement s'aventurer plus avant sur cette voie ? Philippe songea à ses deux motivations, savoir et sauver Clara, sauver Clara et savoir, sauver Clara. Il opina du chef et se rapprocha davantage de Dorit.

Scène 10

Philippe était reparti le soir même pour Paris par un vol de nuit. Il était seul, assis près d'un hublot, sans voisin de siège. Il attendit le décollage, puis alluma son ordinateur, fit défiler les diapositives de la conférence de Marc Amadiso. Il les connaissait presque toutes par cœur tant ce dernier les avait recyclées d'un congrès à l'autre. Seule la reproduction du tableau de *La Ronde* de Rembrandt avec laquelle Amadiso comptait clore son intervention était « inédite ». Après tout, se disait Philippe, on se livrait tous à la même ronde avec nos sempiternelles diapos usées jusqu'à la corde. Il modifia la date de l'horloge électronique à une semaine plus tôt, et se mit à trafiquer une fausse présentation des diapositives de la conférence de Marc Amadiso. Du véritable inédit pour la bande de Bourbaki.

Deux heures plus tard, il sortit une feuille de papier et se mit à écrire une lettre à Clara, tout en repensant à la conversation qu'il avait eue au cinéma avec Dorit. Les phrases qu'elle avait prononcées ne cessaient de résonner dans son esprit.

« J'appartiens à une organisation secrète dont le nom n'a pas d'importance. Nous protégeons l'humanité. Contre elle-même, bien entendu, d'où le caractère parfois dérangeant de nos actions. Nous existons depuis longtemps. L'Histoire ne suffirait pas à couvrir notre longévité. Nous préexistons à l'Histoire ! »

« Ma chère Clara,
Tu trouveras ci-jointes les diapositives d'Amadiso à remettre à Bourbaki. »

« La culture préhistorique existe. Nous en sommes une émanation directe. Ma thèse sur l'os hyoïde n'est qu'une minuscule brique dans l'immense muraille que nous nous échinons à construire depuis environ trente mille ans. Muraille contre la source primordiale des maux de l'humanité, muraille contre la connaissance. »

« Je les ai cryptées afin qu'il ne t'emmerde pas et ne te soupçonne pas de savoir des choses que tu ne devrais pas savoir. Je lui enverrai l'algorithme de cryptographie directement à son adresse électronique. Merci de me la communiquer asap par e-mail. »

« Il y a trente mille ans nous avons survécu à l'*Homo neanderthalensis,* comme tu le sais. Un mystère qui n'a pas fini de préoccuper la communauté des paléoanthropologues. La clé est à chercher dans la véritable cause de la disparition soudaine de cet hominidé que notre organisation s'attache à décrire comme une brute épaisse débile depuis sa découverte en 1856. À dire vrai, Néandertal maîtrisait mieux que nous la culture qu'on appelle maintenant "moustérienne", c'est d'ailleurs lui qui nous l'a apprise – un scoop, non ? Mais garde-le pour toi, cela personne ne le sait encore. Malgré ce que j'ai écrit dans ma thèse de doctorat, il parlait. Il a produit une culture orale incroyable et notamment des mythes des origines qui ont ensuite été repris dans toutes nos cultures de *sapiens* : premières cosmogonies, déluge, etc. »

« Pour ta gouverne, sache que cette conférence d'Amadiso qu'on l'a empêché à tout jamais de donner contenait une petite bombe, avec une série de pistes de pharmaco-génomique archi-originales qui reprenaient certains résultats du malheureux biologiste moléculaire japonais assassiné. »

« Tu dois te demander ce qui clochait. Néandertal avait conscience de sa finitude et de la vanité indépassable de son existence. Il ne voulait pas persévérer dans cette mascarade absurde et grotesque. La vie lui apparaissait dépourvue de sens et s'évertuer à chercher à lui en donner un, sans pouvoir se résoudre à y croire, lui semblait au-delà de ses moyens. Sa lucidité l'en empêchait. Les conteurs néandertaliens transmettaient de génération en génération cette forme de philosophie nihiliste avant l'heure, un "récit du néant". L'espèce conservait cependant une forme de responsabilité de perpétuation de ce que l'on appellerait aujourd'hui le genre hominidé, à défaut d'être déjà le genre humain. Que lui est-il alors arrivé ? Désespéré de devoir survivre pour passer le relais à un être plus apte à l'existence, Néandertal a attendu, attendu longtemps. Attendu que les australopithèques et autres abrutis congénitaux disparaissent. Attendu de nous rencontrer. L'heureuse nouvelle, authentique messianisme de cette culture du fond des âges : de nouveaux hommes arrivent de l'Est, des hommes à la fois pas trop cons, mais pas torturés non plus par leur excès de lucidité et de conscience. »

« Avec son intuition inimitable, notre Amadiso avait saisi le potentiel thérapeutique de ce travail dans toute une série de maladies psychiatriques et neurologiques. Il proposait d'ailleurs un protocole de tests cognitifs assez précis pour les patients souffrant de schizophrénie paranoïde, protocole qui devrait permettre de mettre au point assez rapidement une prescription médicamenteuse sur mesure, en utilisant pour chaque malade le cocktail de neuroleptiques le plus approprié à son génotype. »

« Comme tu l'as compris, cher Philippe, ces hominidés, c'était nous, les *sapiens*, hommes tellement "sages", mais heureusement dépourvus des capacités d'introspection et d'abstraction du Néandertal. Ils nous ont tout appris, enfin presque tout, leur nihilisme mis à part. Nous sommes un genre adopté et éduqué par les Néandertal. Et puis ? Et puis ils ont fait ce qu'ils avaient à faire. Ils ont disparu en masse. Ils ont mis fin à leur existence individuelle et collective. Ils pouvaient désormais nous laisser conduire les affaires de ce monde, dont leur connaissance extrême les avait conduits au premier "suicide philosophique" de masse de l'Histoire – je veux dire de la Préhistoire. De cette effroyable catastrophe il y eut des témoins parmi nos lointains ancêtres *sapiens*. Certains d'entre eux ont décidé de nous protéger contre ce qui avait causé la disparition volontaire des Néandertal : le savoir, la connaissance du monde et surtout la connaissance de soi. Il s'agissait ni plus ni moins que de préserver notre ignorance pour exister. J'appartiens à cette communauté. Relis l'histoire des obscurantismes de toutes sortes et des résistances à la progression de la connaissance, et tu pourras aisément deviner nos actions et nos influences. La liste de nos membres les plus fameux est trop longue pour te la réciter. Nos cibles potentielles ? Les individus, heureusement extrêmement rares, créateurs et découvreurs de génie, et non pas leurs pâles contemporains, indénombrables, qui ânonnent à l'unisson la doxa à la mode dans leurs disciplines respectives, sans menace aucune pour notre projet. Tu vois ce que je veux dire, non ? »

« *Amadiso terminait en listant le paradigme expérimental le plus pertinent à utiliser d'après lui. Il était vraiment génial, notre Amadiso !* »

« Les trois derniers crimes ne sont que des manifestations infinitésimales de notre capacité à agir pour notre cause, pour ce qui aurait aussi pu être ta cause, Philippe. La théâtralité qui les accompagnait est un signe de reconnaissance qui permet aux milliers d'adeptes de notre groupe de prendre cet acte pour ce qu'il était – une action rendue nécessaire. Aron n'est au courant de rien, pour le moment du moins. Je compte sur toi. »

« Bref, Amadiso et le Japonais ont été très probablement assassinés par des personnes ayant un intérêt financier ou stratégique dans ce commerce biomédical high-tech. Le meurtre du philosophe n'était qu'un leurre destiné à embrouiller les enquêteurs. Heureusement que j'ai découvert les diapos d'Amadiso. Malheureusement pour lui, quelqu'un a dû y avoir accès avant moi. Clara, arrêtons-nous là. Laissons opérer Bourbaki et ses comparses.
Amitiés donc,
Phil Heineman. »

Philippe posta la lettre et la clé USB cryptée dès son arrivée à Paris par Fedex à l'attention de Clara, chez Aron et Dorit Morgenstern. Le lendemain, Clara lui communiquait l'adresse électronique de Bourbaki, auquel Philippe fit parvenir la clé de cryptographie utilisée.

SCÈNE 11

Cimetière du Père-Lachaise, 15 h 15. Le directeur du CNRS, celui de l'Inserm et la ministre de la Recherche avaient tenu à marquer de leur présence la gravité de l'événement, véritable tragédie pour la communauté scientifique française. Coup de téléphone du président de la République à la veuve la veille au soir. En tête de cortège, la fidèle épouse d'Amadiso, digne et sombre, avançait d'un pas mesuré, entourée de ses quatre enfants et suivie des parents d'Amadiso. Enchaînement de discours, concours de superlatifs. « Génie des neurosciences » ; « foi dans la laïcité républicaine de notre pays » ; « illustration paradigmatique du chercheur »... La momie était presque embaumée. Philippe Heineman s'était contenté de quelques mots qui rendaient figure humaine à Marc : Marc, être pétri d'intuitions et d'ambiguïtés, ami admirable et rarement décevant. Tristesse de continuer à être, sans être avec lui. Préserver sa présence dans des discussions en pensée, comme Niels Bohr avec Einstein. Le rire, les regards malicieux et l'humour facétieux de Marc.

Il était 9 h 15 près de Central Park. Dorit venait de sortir de chez elle. Coup de téléphone à Aron. Répondeur. Message laissé : « Je t'aime, je t'aime au-delà de toutes mes activités. Au-delà de l'os hyoïde, au-delà du reste, et même plus loin, je t'aime. Tu me manques. Amour. » Elle s'arrêta un instant devant chez Zabar's, son Deli préféré, elle pensait d'ailleurs avoir choisi leur appartement en partie pour cela : avoir le meilleur *bagel and lox* de Manahattan à ses pieds. Un dernier regard dans la vitrine qui reflétait en partie la scène de la rue. Dorit inspecta furtivement les deux hommes qui s'étaient immobilisés dès son imprévisible arrêt devant

Zabar's et qui la suivaient depuis la veille. Philippe avait été assez chic de l'avoir prévenue, pensa-t-elle. Filée par le FBI ! Elle ! Filmée nue au Pierre ! Nue, entre Éros et Thanatos, elle qui n'arrivait jamais à ne pas rougir pour la banale photo annuelle de l'équipe du département de paléontologie, elle qui insistait pour éteindre la lumière avec Aron. Le drame de l'agent double démasqué, agent double dont les deux rôles ne sont pourtant jamais interchangeables, les gens devraient le savoir, ou plutôt non, les gens devaient en savoir le moins possible, toujours le moins possible. Le sens du devoir ou quelque chose comme cela. La vraie Dorit, songea-t-elle, s'implorant elle-même, c'était celle d'Aron et du rougissement sur la photo. Hier, dans la salle obscure, Philippe avait semblé la comprendre. De toute façon, ces deux rôles la poussaient à présent vers la même issue. Il était temps. « Ironie du sort », se dit-elle, elle allait mourir comme une malheureuse Néandertal ! Mais pour une cause différente, tenta-t-elle de se rassurer. Quoique... Elle n'était qu'un simple individu sans importance collective. Où avait-elle lu cela déjà ? Trop tard pour s'en souvenir. Elle reprit son trajet à vive allure. Coup d'œil sur Broadway. Le bus 104 arrivait en trombe. Le conducteur semblait distrait, il n'aurait jamais le temps de freiner. Elle regarderait du côté opposé, l'hypothèse de l'accident s'imposera. Elle n'avait qu'un petit saut à faire, un tout petit saut et elle ne saurait rien de tout ce qui suivrait, elle ne saurait plus rien.

SCÈNE 12

Il n'y avait rien à faire, le sommeil ne viendrait pas. Clara Valère sanglotait sur le dossier de son fauteuil, la tête appuyée contre le hublot de l'A380 qui la conduisait à Paris. Son voisin de vol ne l'importunait pourtant pas, mais sa simple présence suffisait à lui rappeler l'absence, irrévocable et définitive, de Philippe.

Philippe Heineman était mort depuis vingt-quatre heures. Il s'était rendu comme tous les matins au laboratoire, il venait de verrouiller l'antivol de son vélo. Traversant le couloir glauque mais familier, pour se rendre vers l'ascenseur dont il n'aurait pas la chance de vivre la rénovation, Philippe n'avait pas remarqué la présence d'une ombre immobile dans un recoin mal éclairé. Deux discrètes détonations de revolver amorties par un silencieux retentirent alors que Philippe sortait de son petit sac à dos une édition bilingue du *Cantique des cantiques* dont il comptait reprendre la lecture pendant son déjeuner. Son corps inerte gisait au sol. Le concernant, l'Organisation avait décidé de ne pas surenchérir dans la mise en scène de son assassinat. Juste quelques traces de cocaïne dans ses poches pour donner le change. On soupçonnerait un règlement de comptes...

Clara n'avait eu connaissance que de la version maquillée de son exécution, comme tout le monde. Elle ferma le petit store du hublot et sortit d'une poche de son jean le dernier courrier de Philippe pour le relire encore une fois. Quelque chose lui échappait. Ou plutôt, quelque chose clochait. Clara avait appris à refuser les scénarios trop formatés, comme les expériences trop conformes aux prédictions. Malgré tout, cette tranche d'existence auprès de Marc et Philippe avait sans conteste participé à la maturation de son esprit scientifique, au-delà des souffrances qu'ils lui avaient tous les deux infligées, volontairement ou non. Philippe ne se droguait pas, elle en était certaine. Et surtout, sa lettre posait problème. Grotesque caricature des courriers, des mots ou des e-mails qu'elle avait reçus de lui depuis toutes ces années. Philippe n'appelait jamais Marc « Amadiso », encore moins « Notre Amadiso », mais tout simplement « Marc ». Et les détails, surtout les détails qui l'avaient choquée. Philippe détestait la vulgarité, notamment écrite. Elle ne l'avait jamais entendu utiliser le verbe « emmerder ». Philippe nourrissait le plus profond mépris pour les auteurs de franglais, qu'il qualifiait volontiers de « rédacteurs de salmigondis ». Comment aurait-il pu écrire « Merci de me le communiquer *asap* » ? Et ce « pour ta gouverne », transparent à ceux qui ne le connaissaient pas, mais qui relevait de la violation totale de sa conception du rapport à autrui pour quiconque fréquentait Philippe ? Ce n'était pas du Heineman, et pourtant l'écriture était la sienne. Écrivait-il sous la contrainte de son assassin ? Et ce « malheureux biologiste moléculaire japonais assassiné », formulation un brin théâtrale qui faisait penser à une réplique destinée à rappeler au public distrait de cette comédie qui était le biologiste japonais évoqué plus tôt. Ridicule. Parodie de Heineman. Et l'emphase hystérique du « Il était vraiment génial, notre Amadiso ! »... Ou encore le « Heureusement que j'ai découvert les diapos d'Amadiso », stupide, prétentieux et déplacé. Et enfin cet absurde « Phil » ! Philippe exécrait les diminutifs, et surtout celui-ci. Tout cela était trop gros. Ce trucage de lettre était évident, mais évident pour elle seulement. Quelle signification trouver à ce contenu formel vide de toute authenticité ? Philippe, talmudiste à ses heures perdues, lui avait souvent parlé du postulat théorique fondamental qui avait fondé cette fantastique construction interprétative du texte biblique. Selon les tal-

mudistes, la forme et le sens du texte révélé étaient indisso-
ciables. Fusion du signifiant et du signifié qui les conduisait
à faire sens de toute anomalie de forme, de toute redon-
dance en apparence inutile, ou de toute autre particularité
stylistique. Philippe lui avait aussi parlé de ces passages de
la Torah interprétés par le Talmud comme des appels silencieux mais univoques à une interprétation. « Un texte qui
hurlerait à son lecteur quelque chose comme : "Tu vois bien
qu'il faut m'interpréter pour me comprendre véritablement !" » Clara n'avait jamais aussi bien compris cette idée
qu'à cet instant. La lettre de Philippe lui apparaissait comme
cette injonction silencieuse à l'interprétation. Tout ne pouvait pas être formulé explicitement par écrit. Certaines significations exigeaient d'être offertes uniquement par le
truchement d'une interprétation autonome du lecteur. Les
mots de Philippe lui revenaient avec une clarté saisissante.
Philippe se doutait, à juste titre, que cette lettre pouvait
tomber entre les mains de Bourbaki qui avait effectivement
exigé de la lire et de la photocopier. Philippe voulait lui
faire comprendre quelque chose à elle seule, quelque chose
qu'il ne pourrait pas lui expliquer plus tard. Clara eut alors
la conviction que Philippe savait qu'il allait mourir lorsqu'il
avait rédigé cette lettre, et qu'il savait, en le rédigeant, que
ce document serait la dernière occasion de lui délivrer ces
précieuses informations.

Philippe savait donc qu'il allait être assassiné. Il n'écrivait probablement pas sous la menace, mais cherchait plutôt
à lui faire passer un message, se dit-elle. Toutes ces pensées
se bousculaient dans l'esprit de Clara. « C'est un tissu de
mensonges, Philippe m'a tout simplement écrit un tissu de
mensonges ! » Autrement dit, pensait Clara avec méthode,
Marc n'est pas du tout mort en raison des motifs décrits
dans sa lettre. Marc Amadiso a été assassiné pour de tout

autres raisons. Raisons que Philippe connaissait mais qu'il ne lui révélait pourtant pas dans ce courrier. « Philippe exige que je ne sache pas la cause de cet assassinat, et donc celle du sien aussi très probablement, et il me fait savoir tout cela sans aucune équivoque », se formulait Clara intérieurement. Elle sentait que cette confidence exclusive de Philippe avait valeur de protection. Protection contre quoi ? Contre l'effroyable fin de Marc et Philippe ? Contre celle de Dorit ? Clara sourit en imaginant l'éclat de rire complice qu'aurait certainement eu Philippe devant la prouesse interprétative qu'elle venait de réaliser. Continuer à lire sa lettre cependant. Encore un dernier point d'appel non résolu dans son texte. Ce curieux et inutile « Clara, arrêtons-nous là ». Arrêtons-nous de faire quoi ? Et « là », là par rapport à quelle position préalable ? Le regard de Clara sauta alors aux deux derniers mots de cette lettre d'outre-tombe « Amitiés, donc ». Pourquoi ce « donc » incongru ? Philippe me fait comprendre qu'il me ment. Ce n'est qu'ensuite qu'il établit une relation causale entre sa posture de menteur et la formulation qu'il utilise pour qualifier la nature de sa relation à moi : « Amitiés, donc ». Clara ne souriait plus. Elle pleurait toutes ses larmes, et ses yeux riaient d'une insondable tristesse, tristesse de savoir et de ne pas savoir, d'aimer et d'être aimée, de n'avoir pas su cela, et de ne jamais devoir savoir ceci.

Bibliographie

ALEXANDER, M. P., STUSS, D. T. *et al.* (1979), « Capgras syndrome : A reduplicative phenomenon », *Neurology*, 29 (3), p. 334-339.

BEAUVOIR, S. de (1972), *L'Invitée*, Paris, Gallimard.

BEAUVOIR, S. de, BOST, J.-L. (2004), *Correspondance croisée (1937-1940)*, Paris, Gallimard.

BELL, D. (1973), *Vers la société post-industrielle*, Paris, Robert Laffont.

BLANKE, O., ORTIGUE, S. *et al.* (2002), « Stimulating illusory own-body perceptions », *Nature*, 419 (6904), p. 269-270.

BURCH, S. (2005), *Société de l'information/Société de la connaissance, Enjeux de mots : regards multiculturels sur les sociétés de l'information*, Caen, C & F Éditions.

CHANGEUX, J.-P., CONNES, A. (2000), *Matière à pensée*, Paris, Odile Jacob.

Collectif (1997), *Sous le signe de Faust*, Neuchâtel, Bibliothèque publique et universitaire.

Collectif (2005), « Fractures dans la société de la connaissance », *Hermès*, n° 45, CNRS.

Collectif (2006), *Fracture dans la société de la connaissance*, Paris, CNRS.

DAMASIO, A. R. (1994), *Descartes' Error : Emotion, Reason, and the Human Brain*, New York, G. P. PUTNAM ; traduction française (1995, nouvelle édition 2008), *L'Erreur de Descartes. La raison des émotions*, Paris, Odile Jacob.

DEHAENE, S., CHANGEUX, J.-P. *et al.* (2006), « Conscious, preconscious, and subliminal processing : A testable taxonomy », *Trends Cogn. Sci.*, 10 (5), p. 204-211.

DEHAENE, S., IZARD, V. *et al.* (2006), « Core knowledge of geometry in an Amazonian indigene group », *Science*, 311 (5759), p. 381-384.

DEHAENE, S., IZARD, V. *et al.* (2008), « Log or linear ? Distinct intuitions of the number scale in Western and Amazonian indigene cultures », *Science*, 320 (5880), p. 1217-1220.

DEHAENE, S., NACCACHE L. (2001), « Towards a cognitive neuroscience of consciousness : Basic evidence and a workspace framework », *Cognition*, 79 (1-2), p. 1-37.

DELUMEAU, J. (1999), *Une histoire de la Renaissance*, Paris, Perrin.

DIEDERICH, N. J., GOETZ, C. G. (2008), « The placebo treatments in neurosciences : New insights from clinical and neuroimaging studies », *Neurology*, 71 (9), p. 677-684.

ECO, U. (2002), *Le Nom de la rose*, Paris, LGF - Livre de Poche.

EINSTEIN, A. (1983), *La Relativité*, Paris, Payot.

EVANS, D. (2004), *Placebo : Mind Over Matter in Modern Medicine*, New York, Oxford University Press.

EYMERICH, N., PENA, F. (2001), *Le Manuel des Inquisiteurs*, Paris, Albin Michel.

FINOCCHIARO, M. A. (1989), *The Galileo Affair : A Documentary History*, Berkeley, University of California Press.

FUENTE-FERNANDEZ, R. de la, RUTH, T. J. *et al.* (2001), « Expectation and dopamine release : Mechanism of the placebo effect in Parkinson's disease », *Science*, 293 (5532), p. 1164-1166.

GOULD, S. J. (1997), *La Mal-Mesure de l'homme*, Paris, Odile Jacob.

GOULD, S. J. (2006), *La Structure de la théorie de l'évolution*, Paris, Gallimard.

HEIDEGGER, M. (1980), « La question de la technique », *Essais et Conférences*, Paris, Gallimard.

HIRSTEIN, W., RAMACHANDRAN, V. S. (1997), « Capgras syndrome : A novel probe for understanding the neural representation of the identity and familiarity of persons », *Proc. Biol. Sci.*, 264 (1380), p. 437-444.

HUSTON, N. (2008), *L'Espèce fabulatrice*, Arles, Actes Sud.

KUHN, T. S. (1982), *La Structure des révolutions scientifiques*, Paris, Flammarion.

LE GOFF, J. (2001), *La Naissance du Purgatoire*, Paris, Gallimard.

LEVINE, J. D., GORDON, N. C. *et al.* (1981), « Analgesic responses to morphine and placebo in individuals with postoperative pain », *Pain*, 10 (3), p. 379-389.

LODGE, D. (2004), *Pensées secrètes*, Paris, Rivages Poche.

MANN, T. (1996), *Romans et nouvelles*, tome 3 : *1918-1951*, Paris, LGF-Livre de Poche.

MILLET, C. (2001), *La Vie sexuelle de Catherine M.*, Paris, Seuil.

MILLET, C. (2008), *Jour de souffrance*, Paris, Flammarion.

MOODY, R. (2001), *La Vie après la vie*, Paris, J'ai lu.

MUNK, E. (1979), *Genèse*, Paris, Fondation Samuel et Odette Lévy.

NACCACHE, L. (2006 ; « Poches Odile Jacob, 2009), *Le Nouvel Inconscient. Freud, le Christophe Colomb des neurosciences*, Paris, Odile Jacob.

NEHER, A. (1987), *Faust et le Maharal de Prague*, Paris, PUF.

NELSON, K. R., MATTINGLY, M. *et al.* (2006), « Does the arousal system contribute to near death experience ? », *Neurology*, 66 (7), p. 1003-1009.

NIETZSCHE, F. (1986), *La Naissance de la tragédie*, Paris, Gallimard.

OKEN, B. S. (2008), « Placebo effects : Clinical aspects and neurobiology », *Brain*, 131 (Pt 11), p. 2812-2823.

Ovide (1992), *Métamorphoses*, Paris, Gallimard.

Pica, P., Lemer, C. *et al.* (2004), « Exact and approximate arithmetic in an Amazonian indigene group », *Science*, 306 (5695), p. 499-503.

Platon (2002), *La République*, Paris, Flammarion.

Schnider, A. (2003), « Spontaneous confabulation and the adaptation of thought to ongoing reality », *Nat. Rev. Neurosci.*, 4 (8), p. 662-671.

Signer, S. F. (1994), « Localization and lateralization in the delusion of substitution. Capgras symptom and its variants », *Psychopathology*, 27 (3-5), p. 168-176.

Steiner, G. (2003), *Maîtres et disciples*, Paris, Gallimard.

Suzanne, B. (2001), http://plato-dialogues.org/fr/tetra_4/republic/caverne.htm#call2.

Todorov, T. (2006), *L'Esprit des Lumières*, Paris, Robert Laffont.

Winter, J.-P. (2001), *Les Errants de la chair : études sur l'hystérie masculine*, Paris, Payot-Rivages.

Remerciements

C'est en toute « connaissance de cause » que je remercie ici celles et ceux qui m'ont lu, conseillé et encouragé à travers de nombreuses discussions. Odile Jacob d'abord, qui m'a accompagné depuis le début et m'a ainsi renouvelé sa confiance. Un grand merci aussi à Karine Naccache, Nancy Huston, Tzvetan Todorov, Laurent Cohen, Nicolas Danziger, Natalie Levisalles. Merci à Émilie Barian pour ses judicieuses propositions. Merci Karine, sans toi ce livre n'aurait tout simplement pas existé.

Table

Deuxième partie
LA CONNAISSANCE,
UNE HISTOIRE
DE NEUROSCIENCE-FICTION

Troisième partie
MALAISE CONTEMPORAIN
DANS LA CONNAISSANCE

Quatrième partie
NÉANT DER TALE,
OU LE RÉCIT DU NÉANT

Le Nouvel Inconscient. Freud, le Christophe Colomb des neuro-sciences, 2006 ; « Poches Odile Jacob », 2009.

Cet ouvrage a été composé et mis en pages
chez Nord Compo (Villeneuve-d'Ascq)